《智能科学技术著作丛书》编委会

智能科学技术著作丛书

水下机器人导航技术

张 强 张 雯 著

科 学 出 版 社

北 京

内 容 简 介

本书面向海洋工程领域的技术研发需求，简要总结了水下机器人及其常用水下导航相关技术的国内外研究现状，重点研究了水下机器人导航系统典型技术，包括：水下机器人导航传感器数据处理方法、水下机器人推位导航技术、大潜深AUV惯导系统纯距离误差修正算法、AUV水下同步定位与制图算法、基于单领航者相对距离测量的多AUV协同导航定位算法等，突出了理论性和实用性。

本书可供机器人导航相关专业的研究生参考，也可作为普通高等学校理工科学生的教学参考书。

图书在版编目(CIP)数据

水下机器人导航技术 / 张强，张雯著. —北京：科学出版社，2019.6

(智能科学技术著作丛书)

ISBN 978-7-03-061260-1

Ⅰ. ①水… Ⅱ. ①张… ②张… Ⅲ. ①水下作业机器人–导航系统 Ⅳ. ①TP242.2

中国版本图书馆CIP数据核字(2019)第094700号

责任编辑：张海娜 赵微微 / 责任校对：王 瑞

责任印制：吴兆东 / 封面设计：陈 敬

科学出版社 出版

北京东黄城根北街16号

邮政编码：100717

http://www.sciencep.com

北京凌奇印刷有限责任公司 印刷

科学出版社发行 各地新华书店经销

*

2019年6月第 一 版 开本：720×1000 1/16

2024年1月第五次印刷 印张：10

字数：190 000

定价：90.00元

(如有印装质量问题，我社负责调换)

《智能科学技术著作丛书》序

"智能"是"信息"的精彩结晶，"智能科学技术"是"信息科学技术"的辉煌篇章，"智能化"是"信息化"发展的新动向、新阶段。

"智能科学技术"(intelligence science & technology，IST)是关于"广义智能"的理论方法和应用技术的综合性科学技术领域，其研究对象包括：

• "自然智能"(natural intelligence，NI)，包括"人的智能"(human intelligence，HI) 及其他"生物智能"(biological intelligence，BI)。

• "人工智能"(artificial intelligence，AI)，包括"机器智能"(machine intelligence，MI)与"智能机器"(intelligent machine，IM)。

• "集成智能"(integrated intelligence，II)，即"人的智能"与"机器智能"人机互补的集成智能。

• "协同智能"(cooperative intelligence，CI)，指"个体智能"相互协调共生的群体协同智能。

• "分布智能"(distributed intelligence，DI)，如广域信息网、分散大系统的分布式智能。

"人工智能"学科自 1956 年诞生以来，在起伏、曲折的科学征途上不断前进、发展，从狭义人工智能走向广义人工智能，从个体人工智能到群体人工智能，从集中式人工智能到分布式人工智能，在理论方法研究和应用技术开发方面都取得了重大进展。如果说当年"人工智能"学科的诞生是生物科学技术与信息科学技术、系统科学技术的一次成功的结合，那么可以认为，现在"智能科学技术"领域的兴起是在信息化、网络化时代又一次新的多学科交融。

1981 年，中国人工智能学会(Chinese Association for Artificial Intelligence，CAAI)正式成立，25 年来，从艰苦创业到成长壮大，从学习跟踪到自主研发，团结我国广大学者，在"人工智能"的研究开发及应用方面取得了显著的进展，促进了"智能科学技术"的发展。在华夏文化与东方哲学影响下，我国智能科学技术的研究、开发及应用，在学术思想与科学方法上，具有综合性、整体性、协调性的特色，在理论方法研究与应用技术开发方面，取得了具有创新性、开拓性的成果。"智能化"已成为当前新技术、新产品的发展方向和显著标志。

为了适时总结、交流、宣传我国学者在"智能科学技术"领域的研究开发及应用成果，中国人工智能学会与科学出版社合作编辑出版《智能科学技术著作丛书》。需要强调的是，这套丛书将优先出版那些有助于将科学技术转化为生产力以及对社会和国民经济建设有重大作用和应用前景的著作。

我们相信，有广大智能科学技术工作者的积极参与和大力支持，以及编委们的共同努力，《智能科学技术著作丛书》将为繁荣我国智能科学技术事业、增强自主创新能力、建设创新型国家做出应有的贡献。

祝《智能科学技术著作丛书》出版，特赋贺诗一首：

智能科技领域广
人机集成智能强
群体智能协同好
智能创新更辉煌

涂序彦

中国人工智能学会荣誉理事长

2005年12月18日

前　言

水下机器人的潜航定位是水下机器人可靠、准确地执行水下任务的信息保障和技术前提，是研究开发水下机器人的难点和热点问题之一，也是人工智能和智能控制领域的国际前沿研究课题。由于水体的法拉第笼效应，水下机器人通常无法借助无线电导航系统实现水下远距离、大范围的准确定位，只能通过其他传感器感知自身状态和环境信息，因此水下机器人的导航系统更强调自持性和完备性。受艇体体积和搭载能力限制，水下机器人导航系统往往选用小体积、低功耗的惯性单元，这导致水下机器人导航系统通常存在定位精度低、定位误差累积迅速等问题，需要尽可能地借助水声设备为水下机器人导航系统提供误差标校或辅助导航信息。由于水声设备的丰富性和多样性，往往需要根据作业环境、任务需求和传感器类型灵活配置水下机器人的导航方式、系统结构及核心算法，因此针对水下机器人导航系统的研究尚有许多关键理论和技术问题亟待解决和完善。

本书主要研究水下机器人导航定位和多水下机器人协同定位，重点介绍水下机器人导航定位相关技术的研究进展。本书共 6 章。第 1 章介绍水下机器人的种类、定义以及常用的导航系统和应用实例，并对水下机器人导航系统几种典型技术的发展现状进行综述；第 2 章首先对航姿参考系统(attitude and heading reference system，AHRS)中微惯性测量单元(micro inertial measurement unit，MIMU)进行标定，应用递推 Allan 方差算法辨识微机电系统(micro electro mechanical system，MEMS)惯性器件的各种误差分量，应用时间序列分析法构建水声多普勒测速仪(Doppler velocity log，DVL)中噪声信号模型，基于 S 面控制理论设计自适应 Kalman 滤波器用于 DVL 信号滤波；第 3 章提出具有磁偏角估计与修正能力的小型自主式水下航行器(autonomous underwater vehicle，AUV)组合导航系统的数据融合架构，基于微型航姿参考系统工作原理，提出磁偏角辨识算法，最后提出一种具有磁偏角自适应补偿能力的小型 AUV 组合导航系统数据融合算法；第 4 章基于强跟踪均方根无损 Kalman 滤波(unscented Kalman filter，UKF)算法，提出基于纯距离观测信息的惯导系统误差修正算法，不但能够准确跟踪惯导系统的位置误差，而且能够对惯导系统的速度误差进行辨识，从而实现对惯导系统位置误差和速度误差的全面补偿；第 5 章基于 Sage-Husa 自适应 UKF 算法，提出一种水下机器人在结构化港口环境中的同步定位与建图算法；第 6 章针对单领航者相对距离测量的多 AUV 协同导航定位算法展开研究，建立基于定位误差的单领航者协同导航定位系统的数学模型，并基于鲁棒 UKF 算法实现单领航者协同导航系统的数据融合策略。

本书主要从水下机器人的实际应用中总结水下导航系统原理、技术特点及研究进展，书中涵盖不同水声信息辅助的水下导航系统原理及信息融合方法，着重阐述水下机器人导航的模型构建和算法实现，使读者可以尽快了解、掌握不同应用背景下水下机器人导航系统的理论推导、方案设计和技术实现。

本书的相关研究得到了国家重点研发计划(2018YFC0309403)和国家自然科学基金(51309066，61603110)的资助。感谢哈尔滨工程大学的李晔教授、庞永杰教授、苏玉民教授、万磊研究员、秦洪德教授的关心和支持，同时感谢课题组成员牛伯城、范彦福、马腾、王汝鹏、丛正等对本书提供的帮助。

水下机器人导航技术正在飞速发展中，由于作者水平有限，书中难免存在不妥之处，敬请读者批评指正。

作　者

2019 年 4 月

目　录

第1章 绪 论

1.1 水下机器人与导航系统

1.1.1 水下机器人简介

人工智能、机电、计算机、自动化、传感器等技术的迅速发展，使人类发明、研制先进的海洋高科技装备成为可能。水下机器人作为人类探索、开发水下世界的有力工具，正在水下工程、大洋科学考察等领域发挥着不可替代的作用[1-4]。水下机器人一词源于机器人学。狭义上讲，水下机器人是一种利用水下动力推进技术在水下运动，具有视觉和感知系统，能够基于声呐、水下摄像机、机械臂等任务载荷，通过遥控操纵或者自主方式辅助甚至代替人类去完成水下勘察、搜索、跟踪等任务的潜水装置。在自动化领域，水下机器人被看成是机器人的一类，是机器人相关技术在水下的特殊应用，属于特种机器人范畴。在海洋工程领域，也可将水下机器人称为无人水下航行器(unmanned underwater vehicle，UUV)、无人水下运载器、无人潜水器、无人潜航器或者无人潜器等[5]。水下机器人分类如图 1.1 所示。

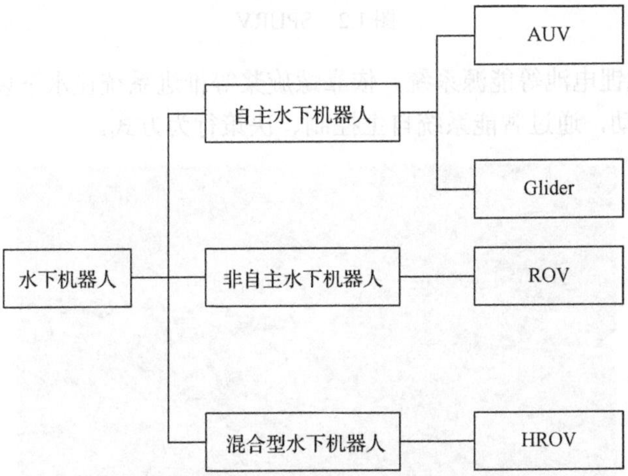

图 1.1 水下机器人分类

图 1.1 从自主性角度将水下机器人分为自主水下机器人、非自主水下机器人和混合型水下机器人三类。自主水下机器人包括在水下采用走航模式航行的自主

式水下航行器(autonomous underwater vehicle，AUV)和在水下采用滑翔模式航行的水下滑翔机(Glider)。非自主水下机器人是无人有缆的遥控式水下机器人(remote operated vehicle，ROV)。混合型水下机器人在深海与深渊探测领域产生，即一种兼具自主和非自主两种模式的混合型遥控式水下机器人(hybrid remotely operated vehicle，HROV)。

1. AUV

1957 年，美国华盛顿大学应用物理实验室研制成功了世界上第一个 AUV——SPURV(self-propelled underwater research vehicle)，如图 1.2 所示，拉开了 AUV 蓬勃发展的序幕。

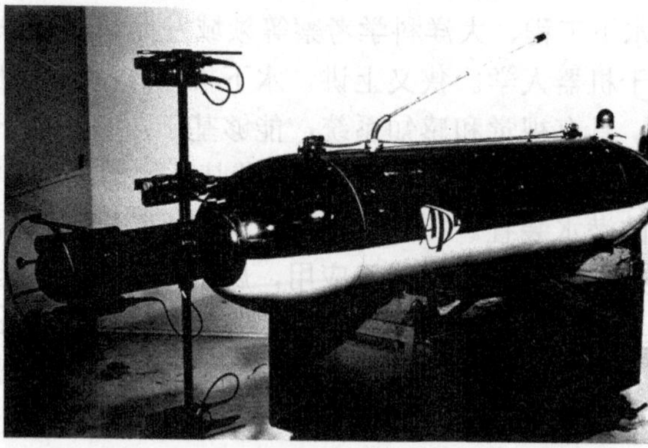

图 1.2 SPURV

AUV 搭载锂电池等能源系统，依靠螺旋桨等推进系统在水下以如图 1.3 所示的走航模式运动，通过智能系统自主控制、决策行为方式。

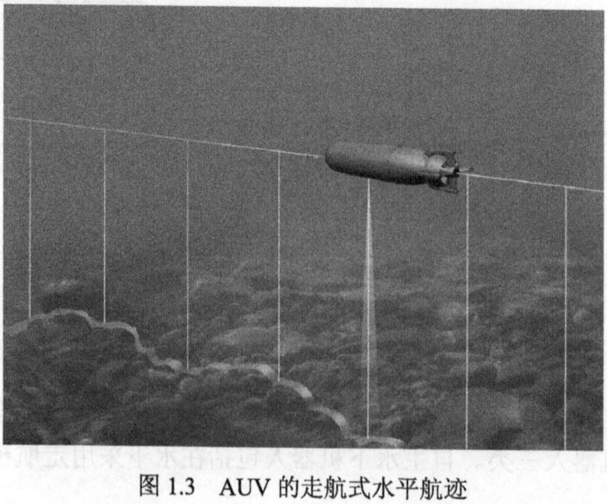

图 1.3 AUV 的走航式水平航迹

如图1.4所示，AUV通常采用类似鱼雷或小型潜艇的回转体外形，这种形状的设计已经过大量的研究和试验测试，证明其水动力特性较好，而且比较容易设计和制造。此外还可根据实际应用的需要，采用仿生、扁圆、长方形、立扁体、水滴等外形设计AUV，广泛应用于海洋地球物理信息采集、水文情报收集、水下目标跟踪、水下搜探等方面，具有自主性高、活动范围大、灵活方便等特点。但AUV执行任务的时限受自身携带能源约束，且通常驱动能力有限，无法执行大载荷水下作业或施工任务。

图1.4 鱼雷形AUV

由于AUV需要长时间在水下以走航模式自主水平航行，因此其上搭载的导航与定位设备必须具备较高的自持力与完整性，即能够尽量少地依赖甚至摆脱卫星导航定位、水声导航定位等外部系统，仅依靠自身搭载的惯性导航系统(inertial navigation system，INS)、罗经、DVL等导航设备融合视觉声呐、水下摄像机等环境感知设备的观测信息，基于多源信息融合技术，使AUV在不上浮的条件下，获取位置、航向、速度等完整、准确的导航信息。这样就可降低由于亟须卫星导航系统定位修正而被迫上浮，抑或水声导航定位系统定位信息覆盖范围有限造成的AUV水下作业时间和作业空间的损耗和限制。

高精度水下导航定位系统不仅是AUV执行潜航作业的先决条件，而且是AUV在水下航行安全的根本技术保障。导航定位技术作为关键技术，通常被看成是衡量AUV发展成熟度、工程实用化水平的标志之一。由于水下无线电信息传输的局限性，很多情况下AUV无法直接使用高精度的卫星导航定位信息，非卫星水下导航定位技术成为多年来AUV导航领域的研究热点，应用于AUV的水下导航定位技术最为丰富、最具代表性，因此本书主要针对AUV水下导航相关技术进行介绍和论述。

2. Glider

1989 年，Glider 的概念由美国物理海洋学家 Henry Stommel 正式提出[6]，Glider 是一种新型水下机器人。与 AUV 类似，Glider 同样需要自身携带能源，并基于自主控制方式航行。但与 AUV 运动模式不同，Glider 通过内部机械结构的精巧设计，可自动调整净浮力和重心位置，通过改变自身姿态角，借助水平翼获得推进力，以如图 1.5 所示的滑翔模式在作业纵剖面内波浪式上下起伏前进。由于水下 Glider 只在调整净浮力和姿态角时消耗少量能源，因此具有能耗低、续航力持久(可达上千公里)等优点，能在水下剖面内完成长时序、大范围、远距离的运动。

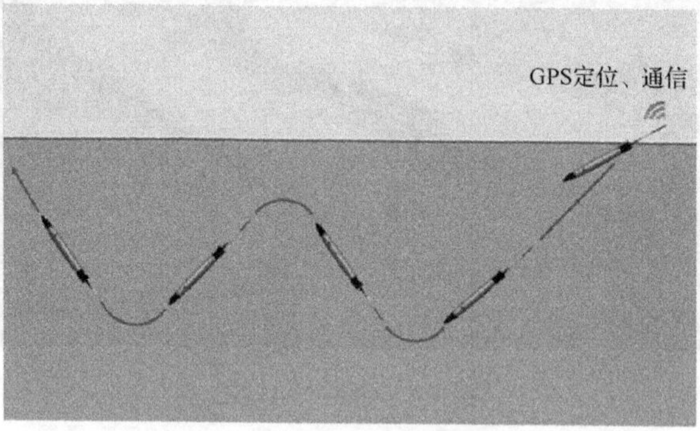

图 1.5　Glider 运动轨迹

如图 1.6 所示，典型的 Glider 多采用鱼雷体加水平翼的外形设计，显然这种设计易于生产制造，但水动力特性不够理想，因此产生了扁平仿生鱼形设计、翼身融合型浮体式外形设计，甚至蝶形设计以期提高 Glider 的机动能力，扩展 Glider

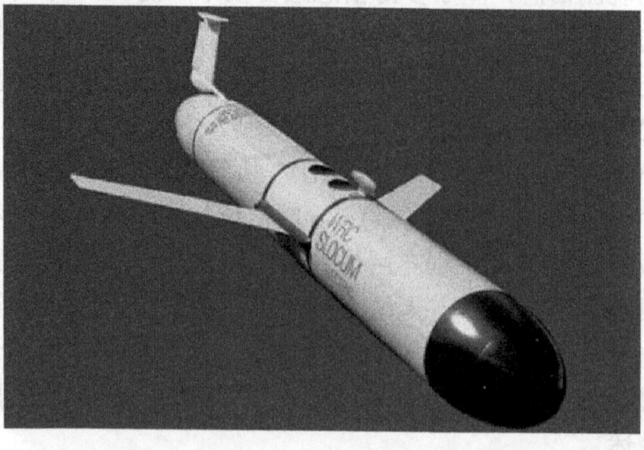

图 1.6　鱼雷体加水平翼设计的 Glider

的航行模式。由于Glider采用波浪式滑翔运动方式，耗能低、续航力强，可以通过搭载不同传感器，长时间执行大范围水体的海洋环境监测或调查任务。

与AUV不同，波浪式的滑翔运动方式允许Glider周期性地上浮至水面，保证其可以利用全球定位系统(global positioning system，GPS)等卫星导航定位系统获取自身位置信息，而且Glider通常无法定深或定高航行，不能使用DVL等走航式导航设备，而只需搭载罗经等能够感知航姿信息的导航设备即可满足控制系统对Glider自身运动状态信息的反馈需求，可见Glider导航系统相对简单，成本较低。

3. ROV

世界上第一部ROV是法国人Dimitri Rebikoff在1953年发明的。与自主水下机器人不同，ROV通过脐带电缆或细缆与水面母船或岸基系统连接进行信息交互，其中细缆遥控式ROV自带动力，细缆仅用于ROV与母船或基站间的信息与遥控指令交互，受能源限制，细缆遥控式ROV一般只能应用于水下观测作业、样本采集等轻型作业任务。而电缆遥控式ROV无须自备能源，由水面母船或岸基系统通过电缆为ROV提供电力支持的同时也能进行信息交互，因此驱动能力较强，通过搭载液压机械手、液压驱动电机等大载荷电力设备，能够胜任水下重型作业任务。与其他类型水下机器人比较而言，目前ROV技术最为成熟且应用范围最为广泛，人的参与使得ROV能完成复杂的水下作业任务。

如图1.7所示，目前ROV多采用开架式结构，在水平方向上和垂直方向上配备多台推进器，能够实现前进、后退、原地回转等运动，机动性较高，可实现水下定位。由于工作场景和任务灵活多变，ROV的导航设备往往根据实际情况进行灵活配置。但与自主水下机器人不同，ROV水下作业范围有限，而且一般配备母船支持，因此如超短基线(ultra short baseline，USBL)定位声呐等水声导航定位系统特别适用于ROV在水下定位。此外，ROV通常还需搭载光纤罗经等导航设备确定自身航姿信息。

4. HROV

HROV是细缆ROV的进一步发展和创新。如图1.8所示，“海神”号是世界上第一款HROV，由美国伍兹霍尔海洋研究所于2008年设计并完成建造，用以探索世界各地6000～11000m的超深渊。与细缆ROV类似，HROV同样需要搭载锂电池为自身提供能源，并通过一根微细光缆同母船连接，用以遥控、信息交换和安全保障支持。与细缆ROV不同的是，HROV具备自主控制模式，必要情况下可以切断微细光缆，摆脱母船控制，实现水下自主航行。可见HROV实现了远程遥控和自主控制混合的两种操作模式，因此其可以通过不具备动力定位能力的小型船舶布放。

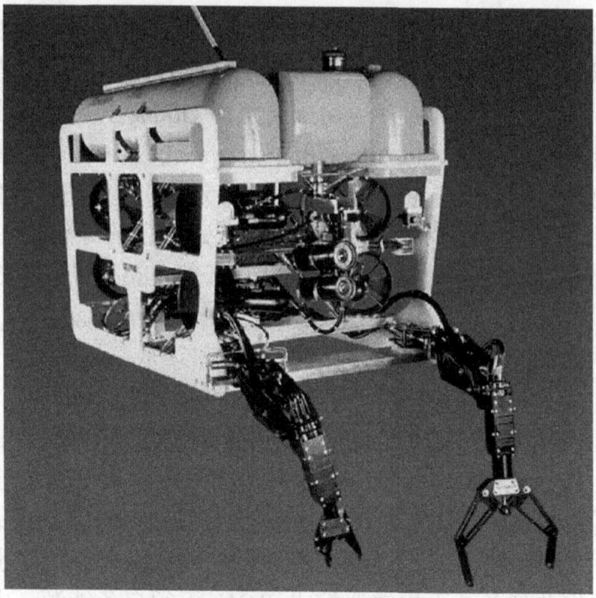

图 1.7 开架式外形设计的 ROV

图 1.8 “海神”号 HROV

以“海神”号 HROV 为例，当其处于自主工作模式时，可以在较大工作区域内完成深渊地貌调查、深渊地形测绘等任务，拓宽深海科学考察观察范围。当科学家从“海神”号 HROV 探测到的数据信息中发现感兴趣的东西时，可以将“海神”号 HROV 切换到远程操纵模式，并配置机械手等遥控作业载荷后，将“海神”号 HROV 再次准确布放到科学考察作业区域。“海神”号 HROV 可以通过微细光缆传递高清晰度实时视频，并接受母船操控指令，利用机械手完成样品采集或深渊原位实验。“海神”号 HROV 由于具备遥控和自主控制两种作业模式，可执行包括深渊测绘与照片拍摄、岩石或沉积物样本搜集、深渊生物捕捉、海底化学物质取样等多种任务。因为 HROV 作业模式灵活，所以必须根据 HROV 的作业需要灵活配置导航系统。HROV 的深渊作业能力，必然要求其导航系统能够在水下精确定位，因此 HROV 通常需要搭载高精度惯性导航系统、全海深 DVL 等较为昂贵的高精度水下导航定位设备。

1.1.2　UUV 常用水下导航系统

由于海水导电性良好，因此海水对电磁场的抑制和衰减作用极强，从而限制了无线电导航系统在水下定位和导航中的应用。水下机器人在不抵近水面的潜航情况下，无法借助无线电或卫星导航定位系统实现精确定位。因此，水下高精度导航定位一直是水下机器人领域研究的重点和难点。目前常用的水下导航方法包括推位导航、水声导航、海洋地球物理导航及水下惯性组合导航等。

1. 推位导航

推位导航一词的产生与应用始于 16 世纪末。Charles H. Cotter 将推位导航解释为“从一个已知的坐标位置开始，根据运载体在该点的航向、航速和航行时间，推算下一时刻坐标位置的导航过程”[7]。推位导航过程如图 1.9 所示。

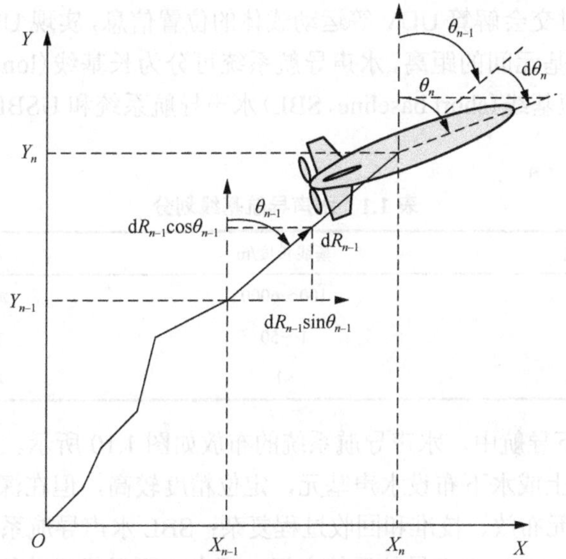

图 1.9　推位导航过程

图 1.9 中，dR_{n-1} 和 $d\theta_n$ 分别为从 n−1 时刻位置 (X_{n-1}, Y_{n-1}) 到 n 时刻位置 (X_n, Y_n) 的位移矢量变化量和航向变化量，从而

$$\begin{cases} X_n = X_{n-1} + \mathrm{d}R_{n-1}\sin\theta_{n-1} \\ Y_n = Y_{n-1} + \mathrm{d}R_{n-1}\cos\theta_{n-1} \\ \theta_n = \theta_{n-1} + \mathrm{d}\theta_n \end{cases} \tag{1-1}$$

UUV 的推位导航系统，通常利用罗经实时测量航向信息 θ_{n-1}，并利用 DVL 测量载体坐标系下的速度信息 $\left(v_x,\ v_y\right)$，进而对速度进行航向分解，在固定时间间隔 T 内对速度进行一次积分得到 UUV 的实时平面坐标信息，即

$$\begin{cases} X_n = X_{n-1} + v_x\sin\theta_{n-1} - v_y\cos\theta_{n-1} \\ Y_n = Y_{n-1} + v_x\cos\theta_{n-1} + v_y\sin\theta_{n-1} \end{cases} \tag{1-2}$$

可见 UUV 推位导航系统的定位精度受罗经测向精度和 DVL 测速精度的限制，定位误差随时间的一次方发散。

2. 水声导航

相对于无线电信号，声信号在水中衰减很小，可以传播数百米甚至上千米，所以在水下探测、导航、定位和通信中主要采用声波作为信息载体。水声导航系统与无线电导航系统有很大的相似性，即通过测量水声换能器基元与运动载体间的距离或相位，实时交会解算 UUV 等运动载体的位置信息，实现 UUV 的导航定位。根据水声换能器基元间的距离，水声导航系统可分为长基线（long baseline，LBL）水声导航系统、短基线（short baseline，SBL）水声导航系统和 USBL 水声导航系统，如表 1.1 所示。

表 1.1　水声导航基线划分

水声导航	基线长度/m	基元位置
LBL	100～6000	海底/水面
SBL	1～50	水面母船
USBL	<1	水面母船

在 UUV 水下导航中，水声导航系统的布放如图 1.10 所示。LBL 水声导航系统需要预先在水上或水下布设水声基元，定位精度较高，但在深水使用时定位数据更新率低，基元布放、校准和回收过程复杂；SBL 水声导航系统精度介于 LBL 水声导航系统和 USBL 水声导航系统之间，可在水面母船或其他水面平台安装，但会不可避免地受到载体噪声干扰；USBL 水声导航系统定位精度稍差，定位精度为作用距离的 0.5%～1.0%，结构紧凑，可以作为一个整体安装在水面母船或平台上。

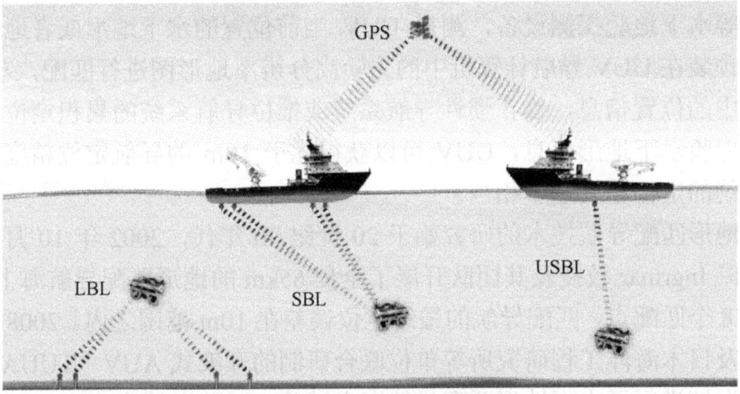

图 1.10 水声导航系统示意图

水声导航系统虽然对 UUV 的定位误差不随时间累积，但是需要提前布设水声基元或者需要母船支持，不适合远距离、大航程 UUV 和突发性应急水下任务等对时间敏感的应用场合。水声导航信标通过声信号传播通信，不利于 UUV 执行隐蔽性任务，因此水声导航多用于商用及民用领域。考虑到海水是非常特殊的声音传输介质，随时间和位置的不同海水介质对声音的传播呈现随机的空变与时变特性，水声导航处理的声学回波异常复杂，导致定位信息更新频率较低，且不能直接提供航向和速度信息，因此 UUV 的水声导航往往与惯性导航或推位导航组合使用。

3. *海洋地球物理导航*

海洋地球物理导航是将海底地形地貌、海洋重力场、地磁场的空间分布特征作为导航信标[8]，利用 UUV 对相应地球物理场的实时量测信息，基于特征匹配技术检索水下地磁、重力或地形/地貌数据库，获取 UUV 在相应海洋地球物理场数据库中的位置信息，修正惯性导航系统定位误差，实现 UUV 水下精确定位的自主导航方法。海洋地球物理导航需要事先根据海洋地球物理特征分布特点，预先离线规划 UUV 的航行轨迹，并将 UUV 航行轨迹附近的地磁、重力或海底地形数据信息特征存入 UUV 的导航计算机。布放 UUV 后，UUV 按规划航行轨迹航行。在航行过程中，UUV 通过所载传感器采集航行轨迹周围的地球物理信息并与导航计算机存储的海洋地球物理信息相匹配，实时获取海洋地球物理导航信标的位置信息，及时校正惯性导航系统的误差累积，从而无须 UUV 浮出水面利用无线电或使用水声导航等外部导航系统，即可连续、自主、隐蔽地实现 UUV 水下导航与定位。海洋地球物理导航包括地形/地貌匹配导航、地磁匹配导航和重力匹配导航。

地形/地貌匹配导航利用测深仪、多波束声呐等水下地形测量设备，或者利用侧扫声呐等水下地貌探测设备，测量 UUV 当前位置的水下地形或者地貌数据，并将其与预装在 UUV 导航计算机中的先验高分辨率地形图进行匹配，获取 UUV 在地形图中的位置信息，修正惯性导航系统或推位导航系统的累积定位误差。基于高精度先验水下地形信息，UUV 可以获得优于 10m 的导航定位精度，这与卫星导航系统的定位精度基本相当。

海底地形匹配导航技术的研究始于 20 世纪 90 年代，2002 年 10 月，瑞典皇家理工学院 Ingrmar 教授及其团队开展了全程 65km 的地形匹配导航海上试验，试验设置了 8 个匹配点，匹配导航的最终定位误差在 10m 范围之内。2008 年，日本东京大学及日本海洋工程研究所等单位联合研制的开架式 AUV“TUUA-SAND”在鹿儿岛海域进行了水下地形匹配导航海上试验，试验海域为 400m×400m 的方形区域，海图分辨率为 3m，试验结果表明，水下地形匹配导航系统的定位精度高于惯性导航系统。2008 年 4 月，美国斯坦福大学和蒙特利海湾水下研究所(Monterey Bay Aquarium Research Institute)，以 MBARI Dorado 型 AUV 为搭载平台，试验了一种适用于大航程 AUV 的低成本地形匹配导航系统，使用多波束测深仪、DVL 以及高度计进行地形匹配导航，验证了使用低精度测量设备进行地形辅助导航的可行性。2009 年，挪威国防研究组织(Norwegian Defence Research Establishment，FFI)在挪威海岸和白令岛间的开放海域上，以 HUGIN 系列 AUV 为平台，完成了一次全程 50km 的水下地形匹配导航系统“穿越”试验，在试验中，HUGIN 不接受任何其他位置更新，并由母船上的声学定位系统全程记录 HUGIN 所处位置信息。此次试验的 HUGIN 地形匹配导航系统依靠 DVL 测量水深信息，惯性导航系统的位置更新完全由地形匹配导航系统提供。海上试验结果表明，水声导航系统和地形匹配导航系统的定位差别为 4m。而 HUGIN 搭载的惯性导航系统，其 50km 航程的定位误差高达 50～100m。可见，在高精度地形图辅助条件下，地形匹配导航系统的定位精度与 GPS 等卫星导航系统相当。

地磁场在导航领域中的应用古已有之，由于地磁北极与地球北极比较接近，因此利用地磁传感器敏感地磁方向可以得到 UUV 的航向信息。而与地形匹配导航类似，地磁匹配导航也需要依赖先验水下地磁图，并依赖匹配技术获取 UUV 在地磁图中的位置信息，修正惯性导航系统或推位导航系统的定位误差，地磁匹配导航可以利用稳定地磁强度、异常地磁强度、稳定地磁矢量等特征量实现匹配。2003 年 8 月，美国国防部的军事关键技术名单中提及了地磁数据参考导航系统[9]，美国国防部的文件宣称其研制的纯地磁导航系统导航精度为：地面和空中定位精度优于 30m(CEP，圆概率误差，50%)，水下导航精度优于 500m(CEP)。地磁场模型精度低，水下磁场环境较为复杂，磁场随时间变化，磁强计易受干扰，获取大范围、高精度的水下地磁匹配定位难度较大。

随着重力敏感器——重力仪的出现和发展，20 世纪 90 年代初，利用重力测量与重力图相匹配，改善惯性导航系统定位性能的重力匹配导航新概念被提出。地球重力场是地球附近最基本的物理场，获取重力信息时对外没有辐射，隐蔽性极高，是一种真正的无源导航系统。现有海洋重力异常场分辨率已经达到 2′×2′以内，这给高精度重力匹配导航提供了可能性。1998 年和 1999 年，美国海军分别在水面舰船和潜艇上对通用重力模块(universal gravity module，UGM)进行了演示验证。演示验证中，重力图数据源于船测数据和卫星遥测数据，试验表明，采用重力匹配导航技术可将导航系统的经纬度误差降低至惯性导航系统标称误差的 10%。

4. 水下惯性组合导航

惯性导航是一种不依赖外部信息，也不向外部辐射能量的自主式导航技术。它可以在不与外界通信的条件下，在任何介质环境里，全天候、全地域、自主地、隐蔽地连续提供位置信息、速度信息、姿态信息和航向信息，具备自主性、隐蔽性和完备性特点。1958 年，美国“鹦鹉螺”号核潜艇装备 N6A 型惯性导航系统，水下连续航行 21 天成功穿越北极，航程 8146n mile(1n mile = 1852m)，定位误差仅为 20n mile，充分体现了惯性导航在水下导航应用中的巨大优势。20 世纪 90 年代后期，随着固态陀螺技术和微型计算机技术的发展，捷联惯性导航系统的应用越来越广泛。目前，光学陀螺或激光陀螺构成的捷联系统已经大量进入 UUV 导航应用领域，典型惯性导航产品有美国 Kearfott 公司的 SEANAV 系列激光捷联惯性导航系统(定位精度为 1n mile/8h)，法国 iXSEA 公司研制的 PHINS 系列光纤陀螺捷联惯性导航系统(定位精度为 0.6n mile/h)等。惯性导航利用惯性元件(加速度计和陀螺仪)测量载体本身的加速度和角度等相关信息，输出的位置信息是由加速度计经过两次积分得到的，本质上也属于一种推算导航方式，所以惯性导航定位误差随时间二次方增加，长时间水下航行需要外部参考定位信息的校正，而由于水下特殊环境限制了电磁波及光波的传播，如果使用水面上层空间中的无线电导航、卫星导航、天文导航等方法修正惯性导航定位误差，UUV 就不得不浮出水面，造成动力损失，对 UUV 的水下隐蔽性作业也有影响。因此，应用于 UUV 的惯性导航多与 DVL 等导航设备组合构成水下惯性组合导航系统。例如，法国 iXSEA 公司研制的 PHINS6000 水下惯性组合导航系统在 DVL 辅助条件下定位精度能够达到 UUV 航行距离的千分之一。

1.1.3　AUV 导航系统实例

自 2000 年至今，世界上已有多个国家投入研发和使用各种用途的水下机器人。以美国为例，由美国 Hydroid 公司生产的 REMUS-100 小型 AUV 如图 1.11 所示，是目前较为著名的小型 AUV 平台。其上装备美英等国海军用于执行濒海的反水雷任务。REMUS-100 小型 AUV 最大长度为 1.6m，最大直径为 19cm，质量为 37kg，最大潜深为 100m。导航设备采用长基线或超短基线水声导航系统、广域增强 GPS，以及如图 1.12 所示的激光陀螺/DVL 推位导航系统。其中长基线水声导航系统由至少两个水声应答器构成，轨迹跟踪精度在 1m 以内，可靠测距范围为 2000m，是 REMUS-100 小型 AUV 执行勘察任务时主要使用的导航系统。超短基线水声导航系统仅需一个水声应答器，通过测距和定向校准位置信息，该系统可靠的捕获跟踪距离为 2000m，常用于 REMUS-100 小型 AUV 的归航、停靠、回收等导航任务。REMUS-100 小型 AUV 搭载的推位导航系统由美国 Kearfott 公司生产的激光陀螺仪和美国 TRDI 公司生产的声学多普勒海流剖面仪(acoustic Doppler current profiler，ADCP)构成。其中，ADCP 提供沿 REMUS-100 艇体系纵轴和横轴的速度信息，罗经或速率陀螺提供航向信息。该系统主要用于声学定位点间的位置推算或者用于水声应答器失效时的导航定位，其定位精度最多可达到每小时 5m[10]。

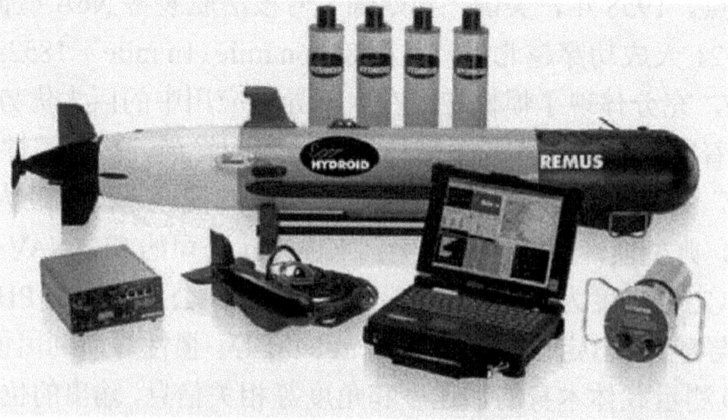

图 1.11　REMUS-100 小型 AUV

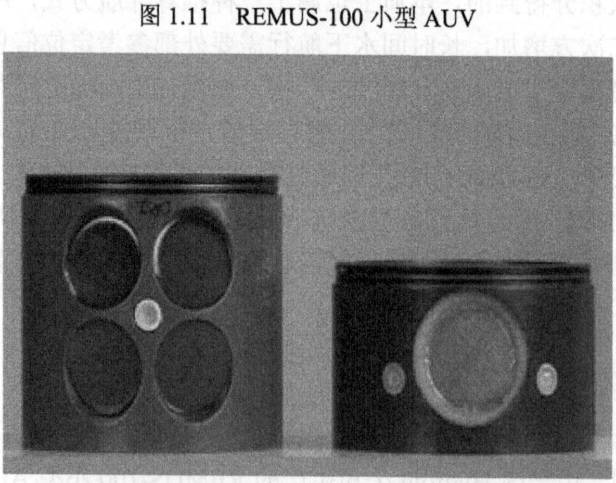
图 1.12　REMUS-100 小型 AUV 的导航设备

由于北冰洋海域对地球环境的变化起着重要作用，加拿大等国先后研发了多款用于北冰洋科学考察的大潜深 AUV。其中 ISE 公司设计建造的 Theseus 大潜深 AUV 如图 1.13 所示。该型 AUV 于 2010 年完成了超过 450km 的北冰洋海底科学考察任务。

图 1.13 Theseus 大潜深 AUV

Theseus 型 AUV 采用法国 iXSEA 公司生产的 PHINS III Surface 捷联惯性导航系统，并辅以美国 TRDI 公司生产的 300kHz Navigator 型 DVL 以及美国 Paroscientific 公司生产的深度传感器构成水下组合导航系统，定位精度为航行距离的 0.1%。

同时 Theseus 型 AUV 采用法国 iXSEA 公司研制的超短基线定位系统实现深海水下定位，定位精度为测量距离的 0.5%。Theseus 型 AUV 的回收定位系统则采用如图 1.14 所示的加拿大国防研究与开发中心(DRDC)研制的短基线定位系统[11]。

图 1.14 Theseus 型 AUV 采用的短基线定位系统

FFI 研制的 HUGIN 3000 探测型 AUV 如图 1.15 所示。HUGIN 3000 探测型 AUV 采用流线外形降低航行阻力[12]，具备深海远程航行能力。

图 1.15　HUGIN 3000 探测型 AUV

HUGIN 3000 探测型 AUV 的导航系统采用如图 1.16(a)所示的霍尼韦尔 HG1700 惯性测量单元，以及法国 iXSEA 公司的 OCTANS 光纤罗经和运动传感器(图 1.16(b))，并辅以美国 Paroscientific 公司研发的 Digiquartz 型压力传感器和美国 TRDI 公司研制的 WHN-300 型 DVL，水下定位精度为航行距离的 0.25%，在超短基线定位系统辅助修正的条件下，200m 潜深情况下的定位误差为 2m(CEP)，而在海洋地形参考导航系统辅助下其定位精度为 10m(CEP)。HUGIN 3000 探测型 AUV 导航系统的水面校正采用差分 GPS，水下定位也可选用长基线定位系统实现大范围的水下导航定位[13]。

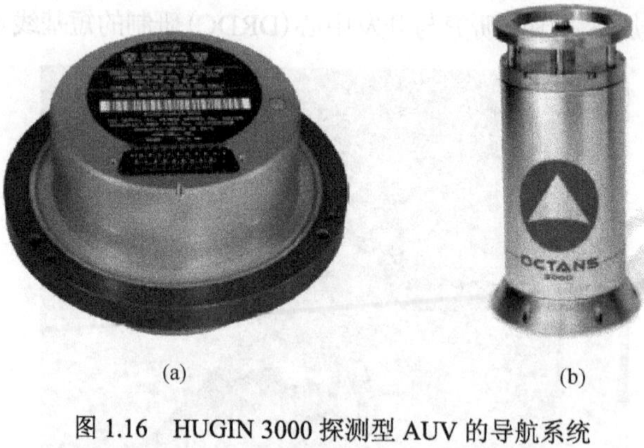

(a)　　(b)

图 1.16　HUGIN 3000 探测型 AUV 的导航系统

英国南安普顿国家海洋中心开发的 AUTOSUB 6000 型远程 AUV 如图 1.17 所示，是目前英国潜深最大的 AUV。

图 1.17 AUTOSUB 6000 型远程 AUV

如图 1.18 所示，AUTOSUB 6000 型远程 AUV 的水下导航系统采用法国 iXSEA 公司研发的 PHINS 水面型捷联惯性导航系统，定位精度为 0.6n mile/h，并和美国 TRDI 公司生产的 Navigator 系列 ADCP 构成 INS/DVL 水下组合导航系统，定位精度为航行距离的 0.1%，辅以 GPS 实现水面校正，精度优于 GPS 定位精度的 3 倍，并采用美国 LinkQuest 公司生产的 LinkQuest Tracklink 10000 型超短基线定位系统和双向远程通信系统实现纯距离(range only)声学定位系统，为 AUTOSUB 6000 型远程 AUV 的深海下潜提供定位信息。

图 1.18 AUTOSUB 6000 型远程 AUV 的水下导航系统

美国蓝鳍机器人公司研发的 Bluefin-12 是一款高性能小型 AUV(图 1.19)，长为 1.83m，最大直径为 53cm，质量为 250kg，最大潜深为 200m，主要用于海洋环境调查和濒海反水雷。Bluefin-12 小型 AUV 配备的导航系统主要包括磁罗经、惯性导航系统或姿态和航向参考系统、300kHz 或 600kHz DVL、12 通道、广域增强差分 GPS 接收机以及压力/深度传感器，而且 DVL 可定期进行全球数据更新。

多年来，蓝鳍机器人公司一直致力于 AUV 导航算法的完善和开发，Bluefin-12 小型 AUV 配备的标准推位导航系统的实时导航精度甚至已经超过了目前一些商业级的惯性导航系统的性能。Bluefin-12 小型 AUV 的推位导航系统使用两项专利技术实时处理导航传感器数据，首先对传感器的误差源进行观测和建模，然后在导航解算中实时消除这些误差。该推位导航系统累积误差实时精度小于航行距离的 0.5%(3σ)。

图 1.19　Bluefin-12 小型 AUV

美国 Sias Patterson 公司研制的 Fetch Ⅲ 小型 AUV(图 1.20(a))长 2.3m，圆锥形，质量为 73kg，最大潜深为 200m，主要用于海洋环境调查，导航设备主要包括：美国 PNI 公司的 TCM2-50 电子罗经(图 1.20(b))，美国 RDI 公司生产的 Workhors Navigator 系列 DVL、深度计、高度计以及广域增强 GPS 接收机，并可以选装 iXSEA 公司生产的 PHINS 6000 惯性导航系统。

(a) Fetch Ⅲ小型AUV

(b) TCM2-50电子罗经

图 1.20　Fetch Ⅲ 小型 AUV 及 TCM2-50 电子罗经

Hammerhead（图 1.21）又称作“槌头双髻鲨”，是由英国 Cranfield 大学和 Plymouth 大学联合研发的小型 AUV，长 3m，最大直径为 0.3m，质量为 250kg，最大潜深为 100m，是由一种用于追踪鱼雷的活动靶改造而来。

图 1.21　Hammerhead 小型 AUV

Cranfield 大学和 Plymouth 大学联合为该水下潜器研发了一种集成化导航、制导与控制系统。在本次合作中，Cranfield 大学研究团队基于激光条纹照明技术为 Hammerhead 小型 AUV 研发了一个导航子系统，Plymouth 大学基于自适应 Kalman 滤波技术研发了适用于 Hammerhead 小型 AUV 的 GPS/INS 组合导航系统，并为该水下机器人设计了“纯追踪和混合导引系统”，用于执行水下电缆或管道探测任务[14]。Hammerhead 小型 AUV 采用的导航设备主要包括美国 PNI 公司的 TCM2-50 电子罗经、惯性测量单元（inertial measurement unit，IMU）以及 GPS 接收机。

由美国法尔茅斯科学仪器有限公司和俄罗斯科学院海洋技术研究所联合研制的太阳能水下机器人 SAUVII 型 AUV 如图 1.22 所示，长 2.3m，宽 1.1m，高 0.5m，质量为 200kg，最大潜深为 500m。SAUVII 型 AUV 导航系统具有水面全时 GPS 导航定位能力以及水下航点间推位导航能力，支持多个航点或航线。其中推位导航系统定位信息由 SAUVII 型 AUV 上浮至水面后经 GPS 修正。

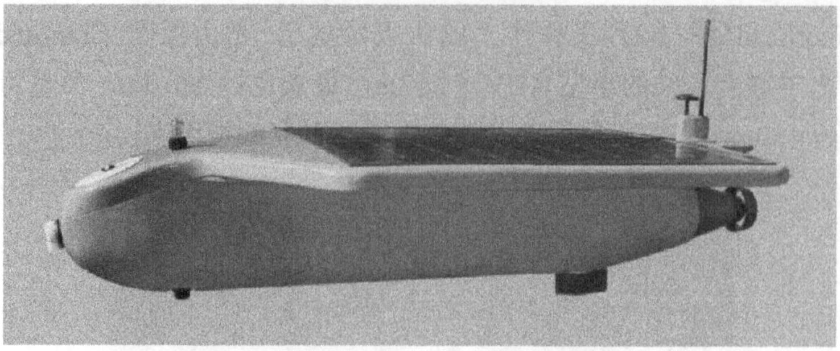

图 1.22　SAUVII 型 AUV

SAUVII 型 AUV 导航设备如表 1.2 所示，其中高度声呐可以提供 100m 以内的高度信息，深度传感器可以提供 500m 之内的深度信息。SAUVII 型 AUV 导航计算机为 Persistor CF2 嵌入式计算机，其采用 Motorola 32 位处理器，并安装 Pico DOS 操作系统。

表 1.2　SAUVII 型 AUV 导航设备列表

导航设备	设备品牌
GPS 接收机	Thales A12
电子罗经	TCM2-50
深度传感器	FSI Excell OPM
高度声呐	Benthos PSA-916
水声多普勒测速仪	RH Manufacturing

ATLAS Maridan ApS 公司研制的 Seawolf A 小型 AUV(图 1.23(a))长 2m，最大直径为 0.5m，质量为 100～110kg，最大潜深为 300m，可用于执行各种水下监测任务。基本导航设备包括 MARPOS 水下定位系统(图 1.23(b))和电子罗经。MARPOS 水下定位系统是由丹麦 Maridan A/S 公司和丹麦技术大学联合研发的基于航迹推算的导航系统[15]，其核心采用美国 Kearfott 公司 KN5053 环形激光陀螺捷联惯性导航系统(strap-down inertial navigation system，SINS)和 RDI 公司 Navigator 系列 DVL，采用 Kalman 滤波算法构成 DVL/SINS 组合导航系统，在深度不超过 200m 的条件下，导航精度可以达到航程的 0.03%。该系统还包括温盐深传感器以及嵌入式差分 GPS 接收机。

另外，为了满足水下监测任务对导航系统的高精度需求，Seawolf A 小型 AUV 还可以应用视觉同时定位与地图创建(simultaneous localization and mapping，SLAM)技术消除 DVL/SINS 组合导航系统的累积定位误差。

(a) Seawolf A小型AUV (b) MARPOS水下定位系统

图 1.23 Seawolf A 及 MARPOS 导航系统

由法国 LIRMM(Laboratoire d'Automatique，de Robotiqueet de Microelectronique de Montpellier)实验室研发的 Taipan 小型 AUV(图 1.24(a))是一款长 2.1m、直径为 0.15m、质量为 30kg、最大潜深为 100m 的小型实验型水下机器人。

(a) Taipan小型AUV (b) Lassen SKII GPS接收机

图 1.24 Taipan 及其 GPS 接收机

Taipan 小型 AUV 采用 AHRS 与航速信息构成的推位导航系统，可满足定深、定向控制以及水面、水下定位，其中航速信息是通过推进器的控制电压与其有效航速的比例确定的。具体的导航设备如所表 1.3 所示。

表 1.3 Taipan 小型 AUV 导航设备列表

导航设备	设备品牌
GPS 接收机	Lassen SKII
AHRS	Xsens MTi
深度计	Navman DEPTH 100
温盐深仪	CTD Probe 101

注：Lassen SKII GPS 接收机见图 1.24(b)。

由冰岛 Hafmynd 公司研发的 GAVIA 是一款功能完全模块化的小型 AUV

(图 1.25(a))，基本配置长度为 1.8m，直径为 0.2m，质量随有效载荷不同而变化，至少 49kg，通常为 62kg 或 79kg，下潜深度为 200～2000m。

GAVIA 小型 AUV 导航配置十分丰富，其可以搭载的导航设备包括 GPS 接收机、电磁罗经、航向传感器、SINS/GPS/DVL 组合导航系统，以及长基线或超短基线水声导航系统。其中 SINS/GPS/DVL 组合导航系统(图 1.25(b))定位精度为 3m/h，系统的核心部件采用美国 Kearfott 公司生产的 T24 环形激光陀螺仪、RDI 公司生产的 Navigator 系列 DVL 和单轴加速度计。

(a) GAVIA小型AUV

(b) SINS/GPS/DVL组合导航系统

图 1.25　GAVIA 及其组合导航系统

由日本东京大学设计的“淡探”小型 AUV(图 1.26)，长 1.85m，质量为 180kg，最大工作深度为 100m。“淡探”小型 AUV 主要担当两项水下任务：第一，通过机载水下显微镜监测浮游生物沿水体温跃层三维分布结构；第二，水体水质检测。基本导航设备包括电磁罗经、姿态传感器、GPS 接收机、DVL 以及高度计[16]。

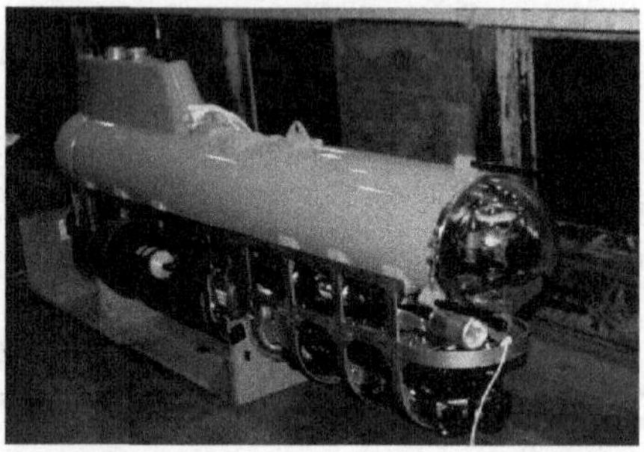

图 1.26　“淡探”小型 AUV

由日本东京大学设计的 Tri-Dog 1 小型 AUV(图 1.27(a))长 1.85m，宽 0.58m，高 1m，质量为 200kg，最大潜深为 100m。其采用的基本导航设备包括 RDI 公司 Navigator WN-1200 型号 DVL、Crossbow 公司生产的 AHRS 500GA 小型姿态和航向参考系统(图 1.27(b))、英国 Druck 公司生产的压力传感器以及用于测定航向的光纤陀螺仪。文献[17]和文献[18]将粒子滤波信息融合技术应用于 Tri-Dog 1 导航系统，取得了较好的导航定位效果。

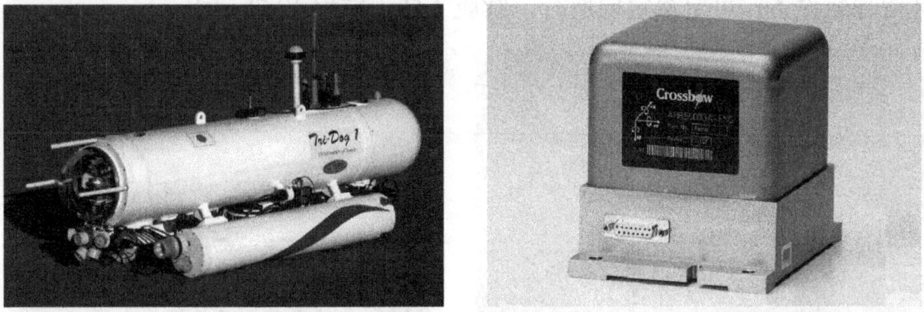

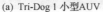

(a) Tri-Dog 1 小型AUV (b) AHRS 500GA小型姿态和航向参考系统

图 1.27 Tri-Dog 1 小型 AUV 及 AHRS 500GA 小型姿态和航向参考系统

随着我国水下机器人技术的进步，AUV 研发呈系列化、多样化发展趋势。哈尔滨工程大学、北京航空航天大学等单位开展了小型 AUV 仿生推进机理研究。北京航空航天大学机器人研究所研发了 SPC 系列小型仿生水下机器人，其中如图 1.28(a)所示的 SP-II 型仿生机器鱼长约 1.2m，采用 GPS 和罗经组合导航系统，能在深度 5m 内进行定深自主航行[19]。

如图 1.28(b)所示为中国科学院沈阳自动化研究所水下机器人研究室开发的一款具有开放式、模块化、可重构体系结构的 HROV 水下机器人[20]，其搭载包括 DVL、深度/压力传感器、电子罗经等导航设备，具有自主、半自主、遥控多种控制方式，能实现大深度、大范围以及复杂海洋环境下的科学研究和资源调查。

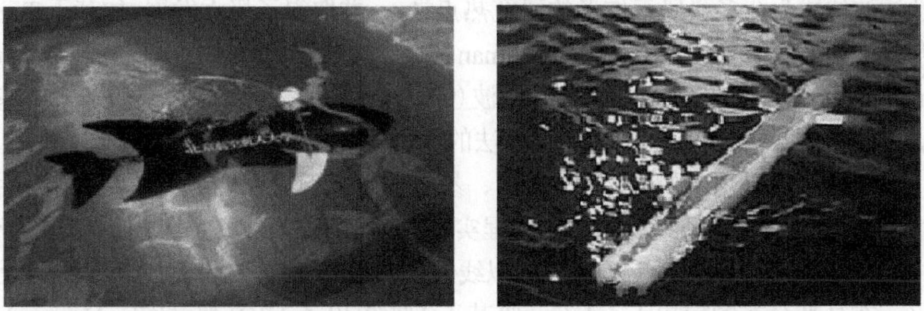

(a) SP-II型仿生机器鱼 (b) HROV水下机器人

图 1.28 SP-II 型仿生机器鱼及 HROV

如图 1.29 (a)所示，HD 系列小型 AUV 由中国船舶重工集团公司第七一〇研究所研发，长 3.14m，宽 1.2m，高 0.8m，可执行水下目标识别、录像、水下沉物打捞、海底电缆检测、水下障碍爆破等任务，适用于水中兵器试验、海洋工程、水下考古、水库及水电站、海事保险、水下防护救助等领域。哈尔滨工程大学研制的 WL 系列小型 AUV 试验样机如图 1.29(b)所示，其搭载 GPS、电子罗经、深度计等导航设备，可定深定向航行，续航 4.5h，航程 12.7km[21]。

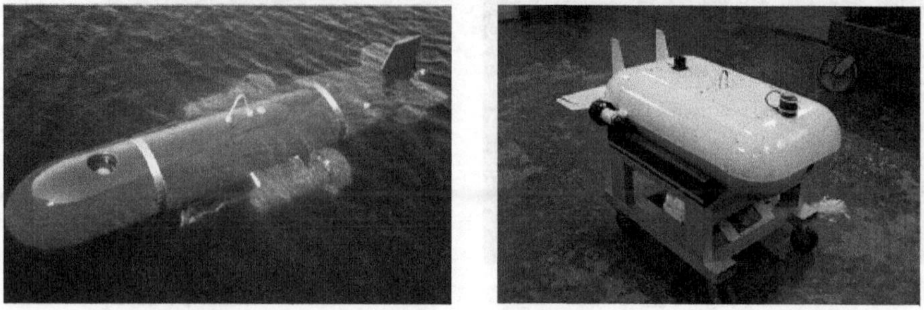

(a) HD系列小型AUV　　(b) WL系列小型AUV

图 1.29　HD 系列小型 AUV 及 WL 系列小型 AUV

1.2　AUV 自主导航关键技术

1.2.1　水下组合导航数据融合技术

水下组合导航系统就是将多种传感器提供的信息通过最优的在线信息融合策略进行融合，从而向导航、制导与控制系统提供准确及时的小型 AUV 位姿信息——这正是非线性滤波算法在该水下组合导航系统中的作用，因而是其信息融合的基石。自 1960 年 Kalman 提出经典 Kalman 滤波(Kalman filter，KF)算法[22]以来，非线性滤波便成为众多科研工作者的研究热点之一，并取得了极大发展，如基于 Taylor 展开的扩展 Kalman 滤波(extended Kalman filter，EKF)[23]、基于无味变换(unscented transformation，UT)的无损 Kalman 滤波(unscented Kalman filter，UKF)[24]和基于 Bayes 理论与 Monte Carlo 随机采样方法的粒子滤波(particle filter，PF)[25]等。

虽然被广泛采用的 EKF 算法简单、易于实现，但可证明 EKF 算法收敛性的可行性理论较少[26-28]，而且多年的工程实践表明，EKF 算法鲁棒性较差且易于发散，因而只能应用于在更新区间内近似线性的非线性系统。针对 EKF 算法的上述缺陷，在高斯分布的前提下，Julier 等基于 UT 提出了 UKF 算法[29]，Nøgaard 等基于有限差分(finite difference，FD)思想导出了差分滤波(divided difference filter，DDF)算法[30]，Ito 等基于中心差分变换(central difference transformation，CDT)提出了中心差分 Kalman 滤波(central difference Kalman filter，CDKF)算法[31]。文献[32]证明了 UKF 算法的估计精度理论上优于 EKF 算法。文献[33]例证了 DDF 算法和采用对称采样的 UKF 算法在估计精度上是相似的而且运算量基本一致，并说明了中心差分滤波器(central difference filter，CDF)算法和 DDF 算法在本质上的等效性。文献[34]将UKF算法、DDF算法以及CDF算法在形式上统一为与UKF算法类似的递推形式，并统称为SPKF(sigma-point Kalman filter)算法。在假设非线性系统滤波模型为加性噪声的前提下，Ito等基于Gauss-Hermite数值积分方法导出了G-H滤波(Gauss-Hermite Filter，GHF)算法[31]。Arasaratnam等则基于统计线性回归(SLR)法通过对非线性模型一组Gauss-Hermite积分点的线性化发展出积分Kalman滤波(quadrature Kalman filter，QKF)算法以及针对非高斯噪声情况的GSQKF(Gaussian sum QKF)算法[35]。文献[35]与文献[36]指出UT可以视为Gauss-Hermite积分的特例，即经典GHF算法是以计算量换取精度。

应用Bayes理论同样可以解决非线性滤波问题。1992年，Smith等提出了易于实现Bayes推演的采样-重采样策略[37]，并与Gordon、Salmond合作提出了Bootsrtap滤波算法，Bootsrtap滤波算法是PF算法的雏形，1999年PF算法称谓被正式提出[38]。事实上，以上提到的滤波器均可视为在特定条件下最优Bayes滤波的简化，而Kalman滤波只是Bayes滤波的一个特例[39]，由于无法获得Bayes滤波的解析解，因此上述非线性滤波算法的实现均是基于解析近似Bayes方程解的办法。与上述算法的思路不同，PF算法是基于以重要性采样(importance sampling，IS)和序贯重要性采样(sequential importance sampling，SIS)为基础的Monte Carlo仿真方法获得Bayes方程的近似解。

非线性滤波算法在导航系统中均得到了广泛的应用。文献[40]基于AUV平台设计了基于SPKF的INS/GPS组合导航系统，位置和姿态精度较EKF算法提高了近30%。文献[41]例证了基于UKF算法的INS/GPS组合导航系统能够容许更大的初始值误差。文献[42]通过仿真实验验证了基于CDKF的INS/GPS组合导航系统，滤波时间和均方根误差均小于EKF算法。文献[43]基于PF算法设计了CTD(conductance temperature and depth)/DVL水下导航系统和基于地球物理信息的水面导航系统。虽然理论上PF算法可用于所有非线性、非高斯系统的滤波，但是基于Monte Carlo仿真的PF算法计算量至少是EKF算法的几百倍，而且存在粒子退化问题[44]，因此从工程角度讲，只有当基于解析近似方法的滤波精度无法满足设计指标时，才考虑PF算法。因此，本书采用UKF算法，并对其进行改进作为小型AUV水下组合导航系统的信息融合算法。

1.2.2 水下同步定位与建图技术

同步定位与建图(SLAM)这一概念最早由Smith等于1986年在美国旧金山举办的IEEE机器人与自动化学术会议中提出。最初的目的是在初始位置信息未知的情况下，使地面移动机器人在未知的室内或室外环境中利用航向和速度信息推算自身位置的同时，通过搭载的环境感知传感器捕获环境信息，构建环境地图，并通过环境地图和观测信息的匹配定位结果，降低位置推算不确定性，修正推算定位结果误差的技术。由于光学类环境感知传感器的敏感范围广、成像精度高、更新速率快，SLAM 算法在地面移动机器人和空中无人机上的研究已经获得诸多研究成果。但受限于环境感知传感器感知能力，针对水下机器人 SLAM 技术的研究仍然是一个巨大的挑战。基于实测数据的水下 SLAM 算法研究最早可以回溯到 1997 年美国海军水下作战中心（Naval Undersea Warfare Center，NUWC）与法国海军大西洋研究中心（Groupe d'Etudes Sous-Marines de l'Atlantique，GESMA）合作开展的项目研究。该项目中的一部分研究内容是集成高分辨率阵列前视声呐和侧扫声呐、DVL、惯性导航系统、差分 GPS 接收机等 AUV 常用环境感知和导航传感器构建 SLAM 算法综合测试平台，用于探测、收集水下环境数据信息，生成可验证水下 SLAM 算法的数据集。1998 年，美国 NUWC 利用该数据集中的前视声呐高强度海底反射区回波数据，实现了“点”特征地标的探测、提取、识别和解耦，且不严格地基于随机建图技术提出了一种基于独立 EKF 序列的简单 CML（concurrent mapping and localization，CML 与 SLAM 含义相同）算法，可在较长采样周期内更新水下定位数据[45]，对今后水下 SLAM 的理论研究起到了奠基性与引领性作用。

同一时期，悉尼大学澳大利亚野外机器人研究中心（Australian Centre for Field Robotics，ACFR）基于自主研发的水下航行器“Oberon”，利用 Tritech Seaking 机械扫描成像声呐作为感知地图特征的主要传感器，并提取“点”特征信息构建环境地图。与基于全局坐标构建地图的传统 SLAM 算法不同，他们估计路标点间的关系，基于几何投影滤波（geometrical projection filter，GPF）算法构建 SLAM 框架，以解决传统 SLAM 算法的计算复杂度问题。他们先后两次在悉尼沿海和大堡礁地区对 SLAM 算法进行了海试试验[46]。2001 年麻省理工学院与 NUWC 合作，利用 NUWC 与 GESMA 合作构建的数据集，探讨并测试了随机建图技术应用于水下导航的可行性，试验结果表明，通过追踪水下地标特征信息，CML 算法能够输出误差有界的水下导航定位结果[47]。此外，麻省理工学院基于 Odyssey 系列 AUV 平台对水下 SLAM 算法开展了深入研究，利用 Odyssey III 系列的 Caribou AUV 在 GOATS（generic oceanographic array technology system）2002 海试中获取的探测数据，提出并验证了一种基于水声信标的水下纯距离 SLAM（range only SLAM）[48,49]算法，随后又利用 GOATS 2002 数据集中的合成孔径声呐数据验证了一种水下常时间 SLAM（constant time SLAM，CTS）算法[50,51]，与 Smith 等提出的完全协方差“金典”SLAM 算法[52]相比，CTS 对 AUV 位置和环境路标位置的估计精度与其相当，但计算复杂度与其相比大大降低。

美国伍兹霍尔海洋研究所的 Eustice 等利用 Seabed 型 AUV 在美国斯特勒威根海岸国家海洋保护区（Stellwagen Bank National Marine Sanctuary）近海开展底栖生境分类调查所获取的非结构化环境图像和导航数据，验证了一种基于延迟状态 EKF 算法的光视觉图像 SLAM 算法，该算法不但增强了低重叠水下图像配准算法的鲁棒性，而且允许光学图像匹配存在不连接的拓扑约束特征[53]。而伍兹霍尔海洋研究所的 Roman 与 Singh 利用延迟状态 EKF 算法作为 SLAM 算法框架，以迟延 AUV 位姿状态作为子地图的锚定原点构建子图列表，通过子地图间的相对位姿测量，实现 EKF 的量测更新[54]，并利用 JASON、HERCULES 等水下机器人采集到的数据集对算法进行了试验验证，成功实现了水下机器人准确定位和高分辨率地形同步构建任务。

2002 年，卡内基梅隆大学(Carnegie Mellon University，CMU)学者与斯坦福大学学者联合提出了基于 PF 的 SLAM 算法——FastSLAM[55]。受 FastSLAM 算法启发，东京大学将 PF 算法应用于水下 SLAM，基于此，Tri-Dog 1 小型 AUV 在 Kamaishi 海湾口实现了 AUV 绕沉箱防波堤的自主航行[56]；2007 年在 Kamaishi 海湾的 Tagiri 热液喷口区，以气泡羽流为特征，东京大学借鉴 SLAM 算法克服了气泡羽流对水声定位信标的不利影响，获得了较高的 AUV 水下自主导航定位及热液喷口区光学图像拼接精度[57]。卡内基梅隆大学的研究人员于 2007 年研发了一型用于探测墨西哥尤卡坦半岛上石灰岩坑的 AUV——DEPTHX(DEep Phreatic THermal eXplorer)。DEPTHX 搭载 DVL、惯性导航系统、深度传感器以及一个由 56 个窄波束声呐换能器构成的圆柱形多波束探测阵列为 AUV 提供水下岩洞的三维结构测距信息[58]。DEPTHX 采用的 SLAM 算法以 Rao-Blackwellized 粒子滤波算法为核心，每一个粒子都能够表示 AUV 的位置和环境地图。为了降低存储需求，基于延迟引用计数八叉树(deferred reference counting octree，DRCO)结构，环境地图被存储在三维证据栅格中。卡内基梅隆大学在墨西哥尤卡坦半岛的 La Pilita 石灰岩坑开展了 DEPTHX 深潜试验，以评估该 SLAM 算法在线运行能力。但是由于缺少参考数据，无法更确切地评估该 SLAM 算法的精度。然而 DEPTHX 成功地构建了水下岩坑环境地图，并且该 SLAM 算法的导航精度足以保证 DEPTHX 在试验后返回出发地点。

英国赫瑞・瓦特大学的 Ruiz 等在 2001 年以多假设跟踪滤波器算法为 SLAM 算法框架，利用机械扫描式前视声呐实现了一种 AUV 水下 CML 算法。然而多假设跟踪滤波器的计算成本较高，计算复杂度随假设矩阵中跟踪目标的数目呈指数增加[59]。除了点特征以外，Ruiz 等还引入大小、周长、紧密度、不变矩、几何中心、最大维数等构成路标特征向量以改进水下 SLAM 算法数据匹配过程[60]，并通过一组试验验证算法的有效性。试验结果表明特征向量在真实的自然环境中是有效的，但当环境特征十分相似时，环境特征向量的可靠性将大大降低。随后 Ruiz 等针对基于侧扫声呐的水下 SLAM 算法开展了深入研究[61-63]，将 CML 的随机映射地图策略与 Rauch-Tung-Striebel(RTS)平滑滤波器相结合，构建了一套利用侧扫声呐数据提高 AUV 导航解算精度的 SLAM 算法框架，利用从侧扫声呐中提取到的水下地形特征点修正 AUV 的位姿误差，而后基于 RTS 平滑滤波器消除位姿校正点处的跳变，从而实现侧扫声呐图像区块的准确拼接。

西班牙赫罗纳大学联合萨拉戈萨大学在总结以往 SLAM 算法的基础上，近几年在水下 SLAM 算法的研究上也取得了一定进展。他们利用 Ictineu AUV 试验平台搭载机械扫描式前视声呐、DVL 和航姿测量单元，以 DGPS 定位信息为航迹参考，在加泰罗尼亚海岸的一个废弃港口采集了港口堤岸及导航传感器信息，生成了目前水下 SLAM 研究领域中较为完备的公用测试数据集。在此基础上他们首先将 EKF 算法作为 SLAM 算法框架并结合局部地图优化算法，在水下定位的同时实现了直线特征结构化环境地图的同步创建[64]，此后基于概率扫描匹配算法和状态 EKF 算法[65,66]，实现了基于 AUV 位姿航迹的港口点云数据地图创建，对 AUV 在非结构化环境中的 SLAM 算法构建进行了有益探索[67]。此外，韩国国立首尔大学以 SNUUVI 小型 AUV 为试验平台，基于 EKF 和最邻近点算法实现了以水声信标为环境点特征信息的水下 CML 算法[68]。

1.2.3 水下协同导航技术

随着如大范围的水下目标探测，全方位的海洋环境调查等海洋研究、海洋开发的不断深入与不断复杂化，单 AUV 往往难以完成上述复杂的任务，为此多 AUV 协作系统应运而生。多 AUV 协作的一个基本条件就是要全部或者部分获得每个 AUV 平台的位置、速度、姿态等状态信息，即要求多 AUV 协作系统具有导航能力。尽管多 AUV 协作系统的整体定位精度可以通过提高单 AUV 的导航定位精度来实现，从而每个 AUV 平台的导航精度仅仅取决于自身的导航系统而与其他 AUV 平台无关。这种“各自为战”的导航方式虽然简单，但是将大大增加多 AUV 协作系统的整体成本，如果 AUV 平台之间存在相对观测，则通过一定的信息交换模式，就可以实现多 AUV 平台间的导航资源共享，获得比单 AUV 平台独自导航更优的定位性能，这种导航方式称为“协同导航定位”[69]。

协同导航定位不仅可以有效降低多 AUV 协作系统的整体成本，而且整体定位精度更优。目前，根据领航者数目的不同，一般将多 AUV 协同导航定位系统分为多领航者协同导航定位系统和单领航者协同导航定位系统。一般而言，协同导航定位系统的优势往往是通过协同导航定位算法实现的。协同导航定位算法本质上就是一种数据融合技术。协同导航定位技术最早应用于陆地移动机器人，随后一些学者尝试设计具有领弹和攻击弹的智能导弹群，随着对 AUV 研究的不断深入，协同导航定位现已成为国际上水下航行器导航领域研究的一个重点方向[70-85]。美国 Vaganay 等首先提出了移动长基线的导航方案[70]，在该方案中少数 AUV 作为领航者安装有高精度的导航传感器，为其他只配备低精度导航传感器的跟随者 AUV 提供精确的位置信息，同时跟随者 AUV 通过水声测距获得主、跟随者 AUV 之间的相对距离，然后跟随者 AUV 利用所获得的领航者 AUV 精确位置信息和相互之间的距离信息通过一定的滤波算法来抑制自身推位导航的累积误差，从而实现协同导航定位，并将其成功地应用于 CADRE 系统中[86]。此外，Curcio 等也对协同导航定位做了大量的试验，而且对水声通信及测距装置进行了海上试验，证明了伍兹霍尔海洋研究所(Woods Hole Oceanographic Institution, WHIO)水声 Modem 能够精确地提供单程或双程测距，且所提出的协同导航定位算法能够提供高精度的导航定位[82]。

多领航者协同导航定位虽然能够有效地提高低精度水下航行器的导航定位精度，但是其要求至少有两个主领航者。为更简化协同导航系统，单领航者 AUV 协同导航定位模式日益受到学界重视。麻省理工学院的 Bahr 等提出了一种基于 Kullback-Leibler 距离的 AUV 协同导航定位方法，并进行了大量试验[86]；德国的 Engel 等引入推位导航信息，给出一种基于三边测量技术的 EKF 协同导航定位方法，并进行了仿真验证[87]；文献[88]～[90]也对 EKF 协同导航定位方法进行了研究；在测距和通信技术方面，Woods Hole 海洋研究院的 Freitag 等提出单向传播时延(one way traveling time，OWTT)水声测距技术，解决了单距导航中的测距与通信问题，克服了传统双向传播时延(two way traveling time，TWTT)水声测距技术的通信率与 AUV 数量成反比的困难，为协同导航定位提供了更可靠的技术支持[71,91]。

参 考 文 献

[1] 李一平. 水下机器人——过去、现在和未来[J]. 自动化博览, 2002, 19(3): 56-58.

[2] 桑恩方, 庞永杰, 卞红雨. 水下机器人技术[J]. 机器人技术与应用, 2003, (3): 8-13.

[3] von Alt C. REMUS 100 transportable mine countermeasure package[C]. IEEE/MTS OCEANS, San Diego, 2003: 1925-1930.

[4] Wright J, Scott K, Chao T H, et al. Multi-sensor data fusion for seafloor mapping and ordnance location[C]. Proceedings of Symposium on Autonomous Underwater Vehicle Technology, Monterey, 1996: 167-175.

[5] 封锡盛. 从有缆遥控水下机器人到自治水下机器人[J]. 中国工程科学, 2000, 2(12): 29-33.

[6] 周晗. 碟形水下滑翔器运动性能的研究[D]. 大连: 大连海事大学, 2017.

[7] 朱庄生, 万德钧, 王庆. 航位推算累积误差实时修正算法研究[J]. 中国惯性技术学报, 2003, 11(3): 7-11.

[8] 刘光鼎, 陈洁. 海洋地球物理在国家安全领域的应用[J]. 地球物理学进展, 2011, 26(6): 1885-1896.

[9] Militarily Critical Technologies List[R]. Washington DC: U.S. Department of Defense, 2003.

[10] Kaminski C, Crees T, Ferguson J, et al. 12 days under ice—An historic AUV deployment in the Canadian high arctic[C]. IEEE/OES Autonomous Underwater Vehicles, Monterey, 2010: 1-11.

[11] Ferguson J, Laframboise J M, Mills R. 12 days under the ice with an AUV[C]. Society of Petroleum Engineers-Offshore Europe Oil and Gas Conference and Exhibition, Aberdeen, 2011: 1016-1024.

[12] 谷海涛, 林扬. 一种自治水下机器人续航能力的计算方法[J]. 仪器仪表学报, 2007, 28(4): 800-803.

[13] Vestgard K, Hansen R, Jalving B, et al. The HUGIN 3000 survey AUV[C]. Proceedings of the International Offshore and Polar Engineering Conference, Stavanger, 2001: 679-684.

[14] Loebis D, Dalgleish F R, Sutton S, et al. An integrated approach in the design of navigation system for an AUV[C]. Proceedings of MCMC Conference, Girona, 2003: 329-334.
[15] Larsen M B. High performance doppler-inertial navigation-experimental results[C]. IEEE/MTS OCEANS, Providence, 2000: 1449-1456.
[16] Ura T, Kumagai M, Sakskibara T, et al. Construction and operation of four autonomous underwater vehicles for lake survey[C]. Proceedings of the International Symposium on Underwater Technology, Tokyo, 2002: 24-29.
[17] Maki T, Kondo H, Ura T, et al. Positioning method for an AUV using a profiling sonar and passive acoustic landmarks for close-range observation of seafloors[C]. IEEE/MTS OCEANS, Aberdeen, 2007: 1-6.
[18] Kondo H, Maki T, Ura T, et al. AUV navigation based on multi-sensor fusion for breakwater observation[C]. Proceedings of the 23rd ISARC, Tokyo, 2006: 72-77.
[19] 梁建宏，邹丹，王松，等. SP-II 机器鱼平台及其自主航行实验[J]. 北京航空航天大学学报，2005, 31(7): 709-713.
[20] 吴宝举，李硕，李一平，等. 小型自治水下机器人运动控制系统研究[J]. 机械设计与制造, 2010, (6): 158-160.
[21] 苏玉民，万磊，李晔，等. 舵桨联合操纵微小型水下机器人的开发[J]. 机器人, 2007, 29(2): 51-54.
[22] Kalman R E. A new approach to linear filtering and prediction problems[J]. Journal of Basic Engineering, 1960, 82(1): 35-45.
[23] Tanizaki H, Mariano R S. Nonlinear filters based on Taylor series expansions[J]. Communications in Statistics, 1996, 25(6): 1261-1282.
[24] Julier S J, Uhlmann J K. New extension of the Kalman filter to nonlinear systems[J]. Proceedings of SPIE-The International Society for Optical Engineering, 1997, 3068: 182-193.
[25] Arulampalam M S, Maskell S, Gordon N, et al. A tutorial on particle filters for online nonlinear/non-Gaussian Bayesian tracking[J]. IEEE Transactions on Signal Processing, 2002, 50(2): 174-188.
[26] Scala B F L, Bitmead R R, James M R. Conditions for stability of the extended Kalman filter and their application to the frequency tracking problem[J]. Mathematics of Control, Signals and Systems, 1995, 8(1): 1-26.
[27] Reif K, Günther S, Yaz E, et al. Stochastic stability of the discrete-time extended Kalman filter[J]. IEEE Transactions on Automatic Control, 1999, 44(4): 714-728.
[28] Reif K, Günther S, Yaz E, et al. Stochastic stability of the continuous-time extended Kalman filter[J]. IEE Proceedings-Control Theory and Applications, 2000, 147(1): 45-52.
[29] Julier S J, Uhlmann J K. Unscented filtering and nonlinear estimation[J]. Proceedings of the IEEE, 2004, 92(3): 401-422.
[30] Nørgaard M, Poulsen N K, Ravn O. New developments in state estimation for nonlinear systems[J]. Automatica, 2000, 36(11): 1627-1638.
[31] Ito K, Xiong K. Gaussian filters for nonlinear filtering problems[J]. IEEE Transactions on Automatic Control, 2000, 45(5): 910-927.
[32] Julier S, Uhlmann J, Durrant-Whyte H F K. A new method for the nonlinear transformation of means and covariances in filters and estimators[J]. IEEE Transactions on Automatic Control, 2000, 45(3): 477-482.
[33] Merwe R V D, Wan E A. The efficient derivative-free Kalman filters for online learning[C]. Proceedings of the European Symposium on Artificial Neural Networks, Bruges, 2001: 205-210.
[34] Merwe R V D. Sigma-point Kalman Filters for Probabilistic Inference In Dynamic State-Space Models[D]. Portland: Oregon Health and Science University, 2004.

[35] Arasaratnam I, Haykin S, Elliott R J. Discrete-time nonlinear filtering algorithms using Gauss-Hermite quadrature[J]. Proceedings of the IEEE, 2007, 95 (5) : 953-977.

[36] Haug A J. A tutorial on Bayesian estimation and tracking techniques applicable to nonlinear and non-Gaussian processes[R]. McLean: The MITRE Corporation, 2005.

[37] Smith A F M, Gelfand A E. Bayesian statistics without tears: A sampling-resampling perspective[J]. The American Statistician, 1992, 46 (2) : 84-88.

[38] Carpenter J, Clifford P, Fearnhead P. Improved particle filter for nonlinear problems[J]. IEE Proceedings Radar, Sonar and Navigation, 1999, 146 (1) : 2-7.

[39] Ho Y, Lee R. A Bayesian approach to problems in stochastic estimation and control[J]. IEEE Transactions on Automatic Control, 1964, 9 (4) : 333-339.

[40] Merwe R V D, Wan E A. Sigma-point Kalman filters for integrated navigation[C]. Proceedings of the 60th Annual Meeting of the Institute of Navigation (ION), Dayton, 2004: 641-654.

[41] Crassidis J L. Sigma-point Kalman filtering for integrated GPS and inertial navigation[J]. IEEE Transactions on Aerospace and Electronic Systems, 2005, 42 (2) : 750-756.

[42] Rezaie J, Moshiri B, Araabi B N, et al. GPS/INS integration using nonlinear blending filters[C]. Proceedings of the Annual Conference, Takamatsu, 2007: 1674-1680.

[43] Karlsson R. Particle Filtering for Positioning and Tracking Applications[D]. Linkoping: Linkoping University, 2005.

[44] Doucet A, Godsill S, Andrieu C. On sequential Monte Carlo sampling methods for Bayesian filtering[J]. Statistics and Computing, 2000, 10 (3) : 197-208.

[45] Carpenter R N. Concurrent mapping and localization with FLS[C]. Proceedings of the Workshop on Autonomous Underwater Vehicles, Cambridge, 1998: 133-148.

[46] Williams S B, Mahon I. Simultaneous localisation and mapping on the Great Barrier Reef[C]. IEEE International Conference on Robotics and Automation, New Orleans, 2004: 1771-1776.

[47] Leonard J L, Carpenter R N, Feder H J S. Stochastic mapping using forward look sonar[J]. Robotica, 2001, 19 (5) : 467-480.

[48] Newman P M, Leonard J J. Pure range-only sub-sea SLAM[C]. IEEE International Conference on Robotics and Automation, Taipei, 2003: 1921-1926.

[49] Olson E, Leonard J J, Teller S. Robust range-only beacon localization[J]. IEEE Journal of Oceanic Engineering, 2007, 31 (4) : 949-958.

[50] Leonard J, Newman P. Consistent, convergent, and constant-time SLAM[C]. International Joint Conference on Artificial Intelligence, Acapulco, 2003: 1143-1150.

[51] Newman P M, Leonard J J, Rikoski R J. Towards constant-time SLAM on an autonomous underwater vehicle using synthetic aperture sonar[C]. Robotics Research: The Eleventh International Symposium, Siena, 2005: 409-420.

[52] Smith R, Self M, Cheeseman P. Estimating uncertain spatial relationships in robotics [J]. Machine Intelligence & Pattern Recognition, 2013, 5 (5) : 435-461.

[53] Eustice R M, Pizarro O, Singh H. Visually augmented navigation for autonomous underwater vehicles[J]. IEEE Journal of Oceanic Engineering, 2008, 33 (2) : 103-122.

[54] Roman C, Singh H. A self-consistent bathymetric mapping algorithm[J]. Journal of Field Robotics, 2007, 24 (1-2) : 23-50.

[55] Montemerlo M, Thrun S, Koller D, et al. FastSLAM: A factored solution to simultaneous mapping and localization[C]. The Eighteeth National Conference on Artificial Intelligence, Edmonton, 2002: 593-598.

[56] Maki T, Kondo H, Ura T, et al. Photo mosaicing of Tagiri shallow vent area by the AUV "Tri-Dog 1" using a SLAM based navigation scheme[C]. IEEE/MTS OCEANS, Boston, 2006: 1-6.
[57] Maki T, Kondo H, Ura T, et al. Large-area visual mapping of an underwater vent field using the AUV "Tri-Dog 1"[C]. IEEE/MTS OCEANS, Quebec City, 2008: 1-8.
[58] Fairfield N, Kantor G, Wettergreen D. Real-time SLAM with octree evidence grids for exploration in underwater tunnels[J]. Journal of Field Robotics, 2010, 24(1-2): 3-21.
[59] Ruiz I T, Petillot Y, Lane D M, et al. Feature extraction and data association for AUV concurrent mapping and localisation[C]. IEEE International Conference on Robotics and Automation, Seoul, 2001: 2785-2790.
[60] Ruiz I T, Joaquin I. Enhanced Concurrent Mapping and Localisation Using Forward-Looking Sonar[R]. Edinburgh: Heriot-Watt University, 2001.
[61] Ruiz I T, Petillot Y, Lane D M. Improved AUV navigation using side-scan sonar[C]. IEEE/MTS OCEANS, San Diego, 2003: 1261-1268.
[62] Ruiz I T, Reed S, Petillot Y, et al. Concurrent mapping & localisation using side-scan sonar for autonomous navigation[J]. Proceedings of International Symposium on Unmanned Untethered Submersible Technology, 2003, 29(2): 442-456.
[63] Ruiz I T, de Raucourt S, Petillot Y, et al. Concurrent mapping and localization using sidescan sonar[J]. IEEE Journal of Oceanic Engineering, 2004, 29(2): 442-456.
[64] Ribas D, Ridao P. Underwater SLAM in man-made structured environments[J]. Journal of Field Robotics, 2010, 25(11-12): 898-921.
[65] Mallios A, Ridao P, Ribas D, et al. Scan matching SLAM in underwater environments[J]. Autonomous Robots, 2014, 36(3): 181-198.
[66] Mallios A, Ridao P, Hernandez E, et al. Pose-based SLAM with probabilistic scan matching algorithm using a mechanical scanned imaging sonar[C]. IEEE/MTS OCEANS, Bremen, 2009: 1-6.
[67] Mallios A, Ridao P, Carreras M, et al. Navigating and mapping with the SPARUS AUV in a natural and unstructured underwater environment[C]. IEEE/MTS OCEANS, Honolulu, 2011: 1-7.
[68] Arom H, Woojae S, Soon C H, et al. Concurrent mapping and localization using range sonar in small AUV, SNUUVI[J]. Journal of Ship&Ocean Technology, 2005, 9(4): 23-24.
[69] Mu H, Baily T, Thompson P, et al. Decentralised solutions to the cooperative multi-platform navigation problem [J]. IEEE Transactions on Aerospace and Electronic Systems, 2011, 47(2): 1433-1449.
[70] Vaganay J, Leonard J J, Curcio J A, et al. Experimental validation of moving long base-line navigation concept[C]. IEEE/OES Autonomous Underwater Vehicles, Piscataway, 2004: 59-65.
[71] Freitag L, Grund M, Singh S, et al. The WHOI micro-modem: An acoustic communications and navigation system for multiple platforms[C]. IEEE/MTS OCEANS, Boston, 2006: 1-4.
[72] Antonelli G, Arrichiello F, Chiaverini S, et al. Observability analysis of relative location for AUVs based on ranging and depth measurements[C]. IEEE International Conference on Robotics and Automation, Anchorage, 2010: 4276-4281.
[73] Papadopoulos G, Fallon M F, Leonard J J, et al. Cooperative location of marine vehicles using nonlinear state estimation[C]. IEEE/RSJ International Conference on Intelligent Robotics and Systems, Taipei, 2010: 4874-4879.
[74] Maczka D, Mach J, Stilwell D. Implementation of cooperative navigation algorithm on a platoon of autonomous underwater vehicles [C]. IEEE/MTS OCEANS, Vancouver, 2007: 1-6.

[75] Eustice R M, Whitcomb L L, Singh H, et al. Recent advances in synchonous-clock one-way-travel-time acoustic navigation[C]. IEEE/MTS OCEANS, Boston, 2006: 1-6.

[76] Grade A S, Stilwell D J. A complete solution to underwater navigation in the presence of unknown currents based on range measurements from a single location[C]. IEEE/RSJ IROS, Alberta, 2005: 1420-1425.

[77] Stutters L, Liu H, Tiltman C, et al. Navigation technologies for autonomous underwater vehicles[J]. IEEE Transactions on Systems, Man, and Cybernetics, Part C: Application and Reviews, 2008, 38(4): 581-589.

[78] Bahr A. Cooperative Localization for Autonomous Underwater Vehicles [D]. Cambridge: Massachusetts Institute of Technology, 2009.

[79] Eustice R M, Whitcomb L L, Singh H, et al. Experimental results in synchronous-clock one-way-travel-time acoustic navigation for autonomous underwater vehicles[C]. IEEE International Conference on Robotics and Automation, Roma, 2007: 4257-4264.

[80] Fallon M F, Papadopoulos G, Leonard J J. A measurement distribution framework for cooperative navigation using multiple AUVs[C]. IEEE International Conference on Robotics and Automation, Anchorage, 2010: 4256-4263.

[81] Bahr A, Walter M R, Leonard J J. Consistent cooperative localization[C]. IEEE International Conference on Robotics and Automation, Kobe, 2009: 3415-3422.

[82] Curcio J, Leonard J, Vaganay J, et al. Experiments in moving baseline navigation using autonomous surface craft[C]. IEEE/MTS OCEANS, Washington DC, 2005: 730-735.

[83] Walls J M, Eustice R M. Experimental comparison of synchronous-clock cooperative acoustic navigation algorithms[C]. IEEE International Conference on Robotics and Automation, Waikoloa, 2011: 1-7.

[84] Baccou P, Jouvencel B, Creuze V, et al. Cooperative positioning and navigation for mutiple AUV operations[C]. IEEE/MTS OCEANS, Honolulu, 2001: 1816-1820.

[85] Baccou P, Jouvencel B. Homing and navigation using one transponder for AUV, post-processing comparisons results with long base-line navigation[C]. IEEE International Conference on Robotics and Automation, Washington DC, 2002: 4004-4009.

[86] Bahr A, Leonard J J. Cooperative localization for autonomous underwater vehicles [J]. Springer Tracts in Advanced Robotics, 2008, 39: 387-395.

[87] Engel R, Kalwa J. Relative positioning of multiple underwater vehicles in the GREX project [C]. IEEE/MTS OCEANS, Bremen, 2009: 1-7.

[88] Zhang L C, Liu M Y, Xu D M, et al. Cooperative localization for underwater vehicles[C]. IEEE ICIEA, Xi'an, 2009: 2524-2527.

[89] 张立川, 刘明雍, 徐德民. 基于水声传播延迟的主从式多无人水下航行器协同导航定位研究[J]. 兵工学报, 2009, 30(12): 1674-1678.

[90] 张立川, 徐德民, 刘明雍. 基于移动长基线的多 AUV 协同导航[J]. 机器人, 2009, 31(6): 581-585.

[91] Singh S, Grund M, Bingham B. Underwater acoustic navigation with the WHOI micro-modem[C]. IEEE/MTS OCEANS, Boston, 2006: 1-4.

第 2 章　水下机器人导航传感器数据处理方法

针对小型 AUV 自主隐蔽航行的工作特点，采用 AHRS/DVL/深度计组合导航系统作为小型 AUV 水下航行的主导航系统，由其为导航、制导与控制(narigation，guidance and control，NGC)系统提供小型 AUV 的位置、速度、姿态等信息。而 GPS 接收机提供小型 AUV 水面初始位置信息，并在小型 AUV 上浮至水面时对该组合导航系统进行位置修正。文献[1]指出导航系统传感器的误差通常占导航系统误差的 90%左右，因此准确、高信噪比的传感器信号对提升小型 AUV 水下导航系统的精度和可靠性具有重要的意义。

本章首先对 AHRS 中微惯性测量单元(MIMU)进行标定，然后应用递推 Allan 方差算法辨识 MEMS 惯性器件的各种误差分量，再应用时间序列分析法构建 DVL 中噪声信号模型，并基于 S 面控制理论设计自适应 Kalman 滤波器用于 DVL 信号滤波。

2.1　水下机器人导航系统与传感器

小型 AUV 配备的水下导航设备如图 2.1 所示，有深度计、DVL、GPS 接收机以及 AHRS。其中，深度计采用基于惠斯通电桥原理的压力传感器，输出为与水深成正比的模拟信号，输出电压范围为 0～10V。DVL 为新一代水声多普勒测速仪——相控阵多普勒测速仪，具有体积小、适装性和平面流线型好等特点，可提供沿艇体系的纵向速度和横向速度，测速范围为 –5～10kn，精度优于 1%。耐压 GPS 接收机为小型 AUV 提供水面三维位置信息。微惯性姿态和航向参考系统由

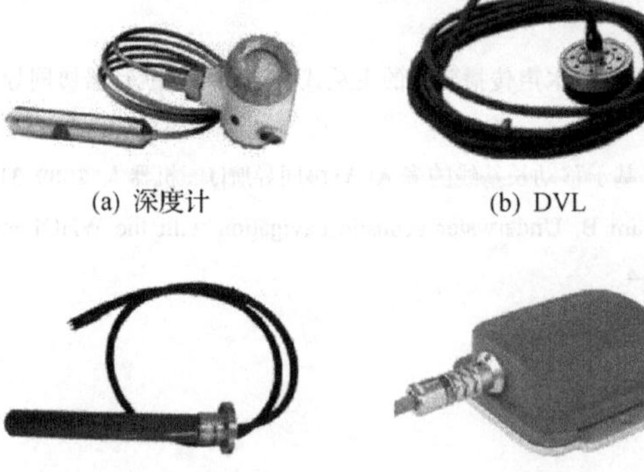

(a) 深度计　(b) DVL

(c) GPS接收机　(d) AHRS

图 2.1　小型 AUV 配备的水下导航设备

三个 MEMS 陀螺仪、三个 MEMS 加速度计以及三个磁强计构成，可提供 360°全方位姿态和航向信息，此外还可提供三维加速度信息、三维角速度信息以及三维地球场强信息，输出频率在 25～120Hz 选择。

2.2　坐标系及欧拉角定义

由于 MEMS 惯性器件性能低、稳定性差，因此要充分发挥其性能潜力必须重新对 AHRS 中的 MIMU 进行系统级标定，从而为 MEMS 惯性器件建立较为准确的确定性误差模型。对 MIMU 的系统级标定不但可以获得 MEMS 惯性器件在真实工况下的参数，而且充分考虑了安装和布局造成的惯性器件性能的改变，能够对 MEMS 惯性器件进行最大限度的补偿。

2.2.1　坐标系定义

如图 2.2(a)所示，惯性坐标系 i 用 o_i-$x_iy_iz_i$ 表示，是指原点取为不动点而且没有转动的坐标系。由于运动的绝对性，很难找到一个绝对静止或做匀速直线运动的坐标系。惯性坐标系的确定应当依赖测量水平以及实际工作的需要。目前通常使用的惯性坐标系有地心惯性系和日心惯性系。对于小型 AUV 导航系统，应当选取地心惯性系。地心惯性系 i 选取地球中心作为坐标系的原点 o_i，z_i 轴沿地球自转轴方向，x_i 轴、y_i 轴位于地球赤道平面内，其中 x_i 轴指向春分点，y_i 轴按右手定则定义。其中 ω_{ie} 为地球自转角速度，ω_{ir} 为地球公转角速度。

地球坐标系 e 是与地球固联的坐标系，用 o_e-$x_ey_ez_e$ 表示，其原点位于地球中心，x_e 轴为格林尼治子午面与地球赤道平面的交线，z_e 轴与地球极轴重合，x_e 轴、y_e 轴与 z_e 轴构成右手直角坐标系。如图 2.2(b)所示，地球坐标系 e 相对于惯性坐标系 i 绕 z_i 轴以地球自转角速度 ω_{ie} 转动。

NED 导航坐标系 n 指当地水平坐标系，用 o_n-$x_ny_nz_n$ 表示，是小型 AUV 水下工作空间的运动参考坐标系。理论上取小型 AUV 艇体的质心作为 *NED* 导航坐标系的原点 o_n，如图 2.2(b)所示，z_n 轴沿当地地理垂线指向地心，x_n 轴与 y_n 轴构成的平面平行于当地水平面，其中 x_n 轴沿当地子午线指北，y_n 轴沿当地纬线指东。x_n 轴、y_n 轴与 z_n 轴构成右手直角坐标系。

艇体坐标系 b 指与小型 AUV 艇体固联的坐标系，用 o_b-$x_by_bz_b$ 表示，在捷联惯性导航系统中，陀螺仪、加速度计等惯性元件通常沿艇体坐标系安装。理论上艇体坐标系的坐标原点 o_b 与小型 AUV 的质心重合，对水下潜器而言，有时也可取其浮心的位置作为艇体坐标系的坐标原点。如图 2.2(c)所示，横摇轴 x_b 沿小型 AUV 艇体艏艉线指向艇艏，纵摇轴 y_b 平行于基平面与横摇轴 x_b 垂直指向小型 AUV 艇体的右舷，偏航轴 z_b 垂直于基平面并与 x_b、y_b 轴构成右手直角坐标系。

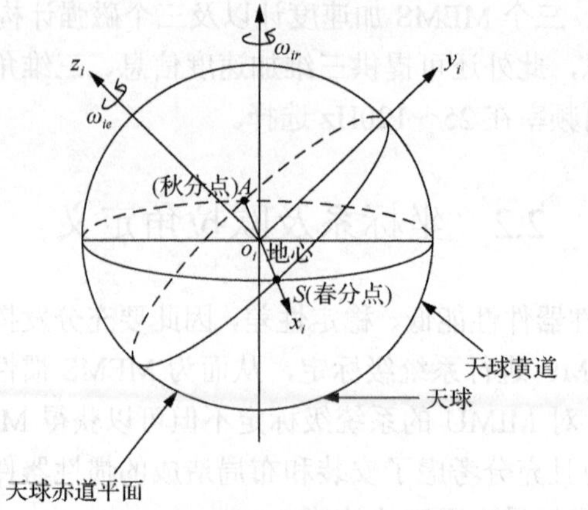

(a) 惯性坐标系

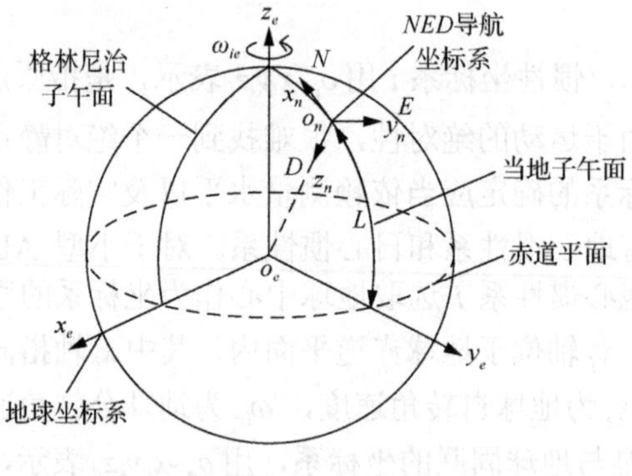

(b) 地球坐标系与导航坐标系

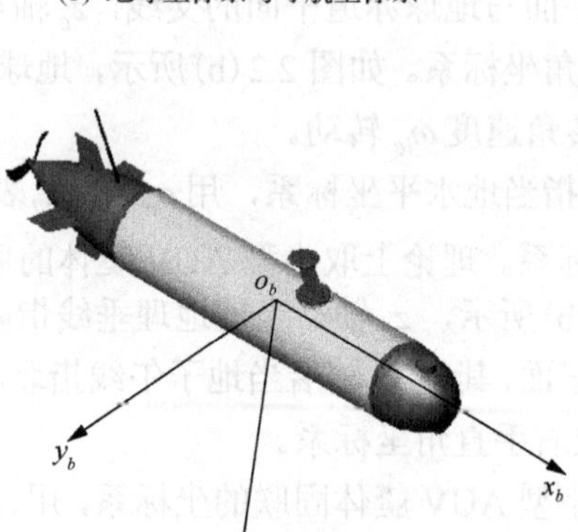

(c) 艇体坐标系

图 2.2　惯性坐标系、地球坐标系、导航坐标系和艇体坐标系

2.2.2　基于欧拉角的姿态描述

1776 年，欧拉采用三个相互独立的角度变量描述一个具有固定点的刚体的相对角位置。由于欧拉角具有明显的物理意义，因此随后得到了较为普遍的应用。如图 2.3 所示，用欧拉角确定小型 AUV 的角位置，小型 AUV 的空间姿态可视为依次绕航向轴、纵倾轴以及横滚轴旋转后的复合结果，即小型 AUV 的空间角位置由以下顺序旋转确定：

$$o\text{-}x_n y_n z_n \xrightarrow[\text{旋转}\psi]{\text{绕}z_n\text{轴}} o\text{-}x_1 y_1 z_1 \xrightarrow[\text{旋转}\theta]{\text{绕}y_1\text{轴}} o\text{-}x_2 y_2 z_2 \xrightarrow[\text{旋转}\gamma]{\text{绕}x_2\text{轴}} o\text{-}x_b y_b z_b$$

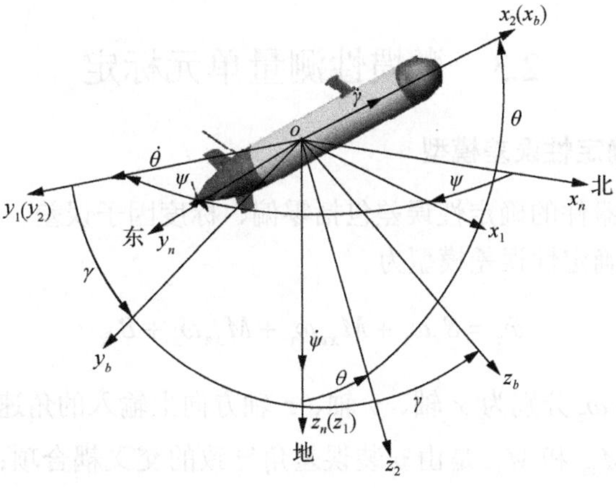

图 2.3　小型 AUV 角位置的确定

根据艇体坐标系 b 与导航坐标系 n 的定义，欧拉角 ψ 、 θ 、 γ 可分别定义为航向角、纵摇角与横滚角，单位为弧度(rad)。根据刚体有限转动不可交换性，各次旋转对应的姿态变换矩阵分别为

$$C_n^1 = \begin{bmatrix} \cos\psi & \sin\psi & 0 \\ -\sin\psi & \cos\psi & 0 \\ 0 & 0 & 1 \end{bmatrix} \tag{2-1}$$

$$C_1^2 = \begin{bmatrix} \cos\theta & 0 & -\sin\theta \\ 0 & 1 & 0 \\ \sin\theta & 0 & \cos\theta \end{bmatrix} \tag{2-2}$$

$$C_2^b = \begin{bmatrix} 1 & 0 & 0 \\ 0 & \cos\gamma & \sin\gamma \\ 0 & -\sin\gamma & \cos\gamma \end{bmatrix} \tag{2-3}$$

$$C_n^b = C_2^b C_1^2 C_n^1 = \begin{bmatrix} \cos\psi\cos\theta & \sin\psi\cos\theta & -\sin\theta \\ \cos\psi\sin\theta\sin\gamma - \sin\psi\cos\gamma & \sin\psi\sin\theta\sin\gamma + \cos\psi\cos\gamma & \cos\theta\sin\gamma \\ \cos\psi\sin\theta\cos\gamma + \sin\psi\sin\gamma & \sin\psi\sin\theta\cos\gamma - \cos\psi\sin\gamma & \cos\theta\cos\gamma \end{bmatrix} \tag{2-4}$$

显然姿态变换矩阵为直角坐标系间的变换，因此为单位正交矩阵，由单位正交矩阵的性质有

$$C_b^n = \left(C_n^b\right)^{-1} = \left(C_n^b\right)^{\mathrm{T}} \tag{2-5}$$

2.3 微惯性测量单元标定

2.3.1 惯性器件确定性误差模型

MEMS 惯性器件的确定性误差包括零偏、标度因子误差、交叉耦合项等。x 轴 MEMS 陀螺仪确定性误差模型为

$$\tilde{\omega}_x = S_x\omega_x + M_{xy}\omega_y + M_{xz}\omega_z + B_{fx} \tag{2-6}$$

其中，ω_x、ω_y 和 ω_z 分别为 x 轴、y 轴、z 轴方向上输入的角速度真实值；S_x 为标度因子误差；M_{xy} 和 M_{xz} 是由安装误差角导致的交叉耦合项；B_{fx} 为零偏。相似的 x 轴 MEMS 加速度计确定性误差模型为

$$\tilde{a}_x = S_x a_x + M_{xy}a_y + M_{xz}a_z + B_{fx} \tag{2-7}$$

其中，a_x、a_y 和 a_z 分别为 x 轴、y 轴、z 轴方向上输入的加速度真实值，其余参数同式(2-6)。

2.3.2 标定实验

图 2.4 为 AHRS 在三轴转台上的安装图。分别采用速率实验和位置实验标定误差项系数。

1. 速率实验

采用速率实验确定 MEMS 陀螺仪标度因子误差和交叉耦合项系数。实验步骤如下所示：

(1)按图 2.5 所示，先后令 AHRS 的 x 轴、y 轴、z 轴与三轴转台的方位轴重合，其余两轴与转台的横滚轴和纵摇轴重合。

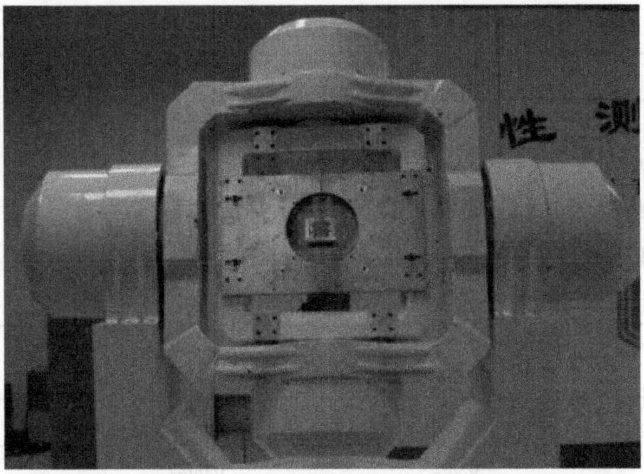

图 2.4　AHRS 安装示意图

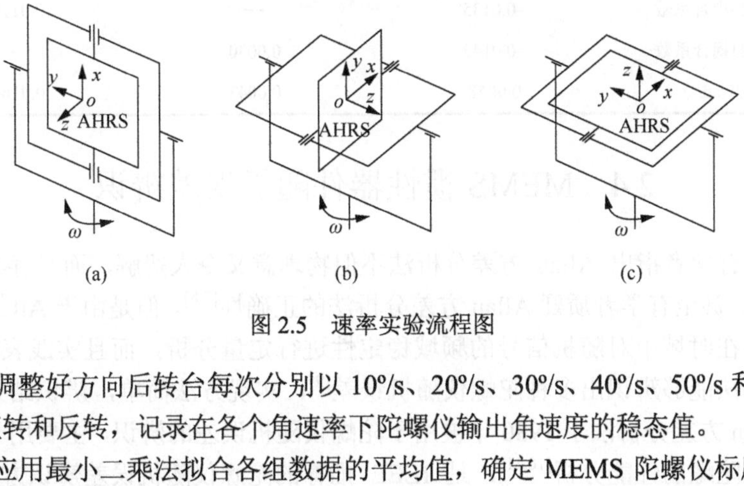

(a)　(b)　(c)

图 2.5　速率实验流程图

(2) 调整好方向后转台每次分别以 10°/s、20°/s、30°/s、40°/s、50°/s 和 60°/s 的角速率正转和反转，记录在各个角速率下陀螺仪输出角速度的稳态值。

(3) 应用最小二乘法拟合各组数据的平均值，确定 MEMS 陀螺仪标度因子误差和交叉耦合项系数。

2. 位置实验

位置实验的标定方法非常简单，具体步骤如下所示：

(1) 按图 2.5 所示，先后令 AHRS 的 x 轴、y 轴、z 轴与三轴转台的方位轴重合，其余两轴与转台的横滚轴和纵摇轴重合。

(2) 调整好方向后设置数据记录参数，采用 6 位置标定法[2-5]，记录静止条件下 MEMS 惯性器件输出信号的稳态值。

(3) 应用最小二乘法拟合各组数据的平均值，确定加速度计标度因子误差、交叉耦合项系数、零偏以及陀螺仪零偏。

MEMS 陀螺仪和加速度计各静态误差项拟合结果如表 2.1 和表 2.2 所示。

表 2.1　加速度计确定性误差系数

拟合结果	x 轴加速度计	y 轴加速度计	z 轴加速度计
标度因子误差	0.0012	0.0003	0.00086
对 x 轴的耦合系数	—	−0.0069	0.0086
对 y 轴的耦合系数	−0.0006	—	−0.00086
对 z 轴的耦合系数	−0.0006	−0.00286	—
零偏/(m/s^2)	0.0007	0.0004	0.00158

表 2.2　陀螺仪确定性误差系数

拟合结果	x 轴陀螺仪	y 轴陀螺仪	z 轴陀螺仪
标度因子误差	0.002	0.0029	0.0013
对 x 轴的耦合系数	—	−0.0007	−0.0013
对 y 轴的耦合系数	−0.0135	—	0.0119
对 z 轴的耦合系数	−0.0142	0.0030	—
零偏/(rad/s)	0.0058	0.0043	0.0167

2.4　MEMS 惯性器件随机误差辨识

虽然有学者指出 Allan 方差分析法不但物理意义令人费解，而且存在能量泄露问题[6]，甚至有学者质疑 Allan 方差分析法的正确性[7,8]。但是由于 Allan 方差分析法能够在时域中对随机信号的频域稳定性进行定量分析，而且实践表明 Allan 方差分析法能够辨识出多种陀螺仪随机误差[9]，实现方法简单，辨识结果直观，因此 Allan 方差分析法于 1980 年被用于陀螺仪随机误差的辨识，主要用于激光陀螺、光纤陀螺的性能分析[10,11]，是 IEEE 推荐的陀螺仪随机误差辨识方法。Hou 等在 2003 年第一次基于 Allan 方差分析法得到了 MEMS 惯性传感器的随机误差统计量[12]。本节首先推导 Allan 方差的频域等价形式，然后基于标准 Allan 方差公式根据不同的采样策略得到两种 Allan 方差的递推计算形式，最后利用 Allan 方差的递推形式在线辨识 MEMS 陀螺仪的角度随机游走和零偏稳定性以及 MEMS 加速度计的速度随机游走和零偏稳定性，并与经典的基于 Allan 方差曲线的辨识结果进行了对比。

2.4.1　Allan 方差及其频域等价形式

首先推导 Allan 方差的频域等价形式。根据 Allan 方差的定义有

$$\sigma_A^2(\tau)=\frac{1}{2}\left\langle\left(\overline{o}_{j+1}(\tau)-\overline{o}_j(\tau)\right)^2\right\rangle=\lim_{M\to\infty}\frac{1}{2(M-1)}\sum_{j=1}^{M-1}\left(\overline{o}_{j+1}(\tau)-\overline{o}_j(\tau)\right)^2 \tag{2-8}$$

其中，$\langle\bullet\rangle$ 表示总体均值；M 为随机信号分组个数；τ 为每组信号的持续时间；$\overline{o}_j(\tau)$ 为第 j 组随机信号的平均功率，即

$$\overline{o}_j(\tau)=\frac{1}{\tau}\int_{t_j}^{t_j+\tau}o(t)\mathrm{d}t \tag{2-9}$$

又由于式(2-8)依概率 1 收敛于 $\sigma_A^2(\tau)$ 的期望，即

$$\sigma_A^2(\tau)=\frac{1}{2}E\left[\left(\overline{o}_{j+1}(\tau)-\overline{o}_j(\tau)\right)^2\right] \tag{2-10}$$

展开得

$$\sigma_A^2(\tau)=\frac{1}{2}\left[E\left(\overline{o}_{j+1}^2(\tau)\right)-2E\left(\overline{o}_{j+1}(\tau)\overline{o}_j(\tau)\right)+E\left(\overline{o}_j^2(\tau)\right)\right] \tag{2-11}$$

根据式(2-9)，对于期望 $E\left(\overline{o}_j^2(\tau)\right)$ 有

$$E\left(\overline{o}_j^2(\tau)\right)=\frac{1}{\tau^2}\int_{t_j}^{t_j+\tau}\mathrm{d}t\int_{t'_j}^{t'_j+\tau}E\left(o(t)o(t')\right)\mathrm{d}t' \tag{2-12}$$

显然 $E\left(o(t)o(t')\right)$ 等于随机噪声自相关函数 $R\left(t-t'\right)$，并注意到随机噪声功率谱密度函数 $S(f)$ 与自相关函数 $R\left(t-t'\right)$ 的关系式为

$$R\left(t-t'\right)=\int_{-\infty}^{+\infty}S\left(f\right)\mathrm{e}^{-\mathrm{i}2\pi f\left(t-t'\right)}\mathrm{d}f \tag{2-13}$$

有

$$E\left(\overline{o}_j^2(\tau)\right)=\frac{1}{\tau^2}\int_{-\infty}^{+\infty}S\left(f\right)\mathrm{d}f\int_{t_j}^{t_j+\tau}\mathrm{e}^{-\mathrm{i}2\pi f\left(t-t'\right)}\mathrm{d}t' \tag{2-14}$$

又

$$\int_{t_j}^{t_j+\tau}\mathrm{d}t\int_{t'_j}^{t'_j+\tau}\mathrm{e}^{-\mathrm{i}2\pi f\left(t-t'\right)}\mathrm{d}t'=\frac{\sin^2\left(\pi f\tau\right)}{\left(\pi f\right)^2} \tag{2-15}$$

将式(2-15)代入式(2-14)得

$$E\left(\overline{o}_j^2(\tau)\right)=\frac{1}{\tau^2}\int_{-\infty}^{+\infty}S\left(f\right)\frac{\sin^2\left(\pi f\tau\right)}{\left(\pi f\right)^2}\mathrm{d}f \tag{2-16}$$

同理对于期望 $E\left(\bar{o}_{j+1}(\tau)\bar{o}_j(\tau)\right)$ 有

$$E\left(\bar{o}_{j+1}(\tau)\bar{o}_j(\tau)\right)=\frac{1}{\tau^2}\int_{-\infty}^{+\infty}\mathrm{e}^{-\mathrm{i}2\pi f\tau}S(f)\frac{\sin^2(\pi f\tau)}{(\pi f)^2}\mathrm{d}f \tag{2-17}$$

将式(2-16)、式(2-17)代入式(2-11)得

$$\sigma_A^2(\tau)=\int_{-\infty}^{+\infty}\left(1-\mathrm{e}^{-\mathrm{i}2\pi f\tau}\right)S(f)\frac{\sin^2(\pi f\tau)}{(\pi f)^2}\mathrm{d}f \tag{2-18}$$

根据欧拉公式以及奇、偶函数的积分性质得到如式(2-18)所示的标准 Allan 方差频域等价形式：

$$\sigma_A^2(\tau)=4\int_0^{+\infty}S(f)\frac{\sin^4(\pi f\tau)}{(\pi f\tau)^2}\mathrm{d}f \tag{2-19}$$

由式(2-19)可见双边功率谱密度函数 $S(f)$ 通过传递函数为 $\frac{\sin^4(\pi f\tau)}{(\pi f\tau)^2}$ 的滤波器积分后，得到的 Allan 方差与惯性传感器输出噪声的总能量成正比。由此可见，Allan 方差能够辨别并量化惯性传感器输出信号中的各项噪声。

Allan 方差分析法作为一种信号时域分析方法，首先应用成员集分析技术，将时间序列分为若干特定长度的子集并计算均值；然后计算两两子集均值之差的平方；最后根据不同采样时间上差的平方计算 Allan 方差。一般根据统计学原理，计算 Allan 方差的无偏估计值。设采样周期为 T_0，时间序列长度为 N，分别以 n（$n=2^j$，$j=1,2,3,\cdots$）个数据点为一组，将时间序列分成 M 组，则标准 Allan 方差的无偏估计为

$$\sigma_A^2(\tau)=\frac{1}{2}\left\langle\left(\bar{o}_{j+1}(\tau)-\bar{o}_j(\tau)\right)^2\right\rangle\approx\frac{1}{2(M-1)}\sum_{j=1}^{M-1}\left(\bar{o}_{j+1}(\tau)-\bar{o}_j(\tau)\right)^2 \tag{2-20}$$

其中

$$\bar{o}_j(\tau)=\frac{1}{n}\sum_{i=1}^{n}o_{ji}\text{，}\quad j=1,2,\cdots,M \tag{2-21}$$

o_{ji} 是不同采样策略对应的数据点，$\tau=nT_0$。

Allan 方差精度 ε 受随机信号分组个数 M 制约，如式(2-22)所示：

$$\varepsilon = \frac{1}{\sqrt{2(M-1)}} \tag{2-22}$$

式(2-22)表明，对于一定长度的随机时间序列，若族时间 τ 固定，则成员集个数越多，Allan 方差计算越精确。当采用交叠式 Allan 方差分析 N 维随机时间序列时，除起始和结束的 $2n$ 个数据外，其余数据均被使用了 n 次，此时 $M=N-2n$，若采用直接式 Allan 方差，相应的成员集个数为 $M=\text{floor}(N/n)$，由此可见若置信水平相同，则交叠式 Allan 方差的置信区间更大[13]。以下分别推导直接式 Allan 方差和交叠式 Allan 方差的递推公式。

由于仅是采样方式有所不同，因此无论是直接式 Allan 方差还是交叠式 Allan 方差，它们对应的 Allan 方差的递推计算公式都是相同的，根据式(2-20)有

$$\begin{aligned}\sigma_{AK}^2(\tau) &\approx \frac{1}{2(K-1)}\sum_{k=1}^{K-1}\left(\bar{o}_{k+1}(n)-\bar{o}_k(n)\right)^2 \\ &= \left(\frac{K-2}{K-1}\right)\sigma_{AK-1}^2(\tau) \\ &\quad + \left(\frac{1}{2(K-2)}\right)\left(\bar{o}_K(n)-\bar{o}_{K-1}(n)\right)^2\end{aligned} \tag{2-23}$$

值得注意的是，应用式(2-23)辨识 MEMS 惯性器件某个随机误差成分时应当保证 $K>1$，初始条件为 $\sigma_{A1}^2(n)=0$。根据不同的采样策略成员集均值的计算方法略有不同。设每个成员集包含的数据个数均为 n，根据式(2-21)有

$$\bar{o}_k(m) = \frac{1}{m}\sum_{i=1}^{m} o_{ki} = \left(\frac{m-1}{m}\right)\bar{o}_k(m-1) + \frac{1}{m}o_{km} \tag{2-24}$$

初始条件为 $\bar{o}_k(0)=0$。对直接式采样方式而言，无论是第一次还是后续对成员集均值的计算，均可采用式(2-24)，每当 $m=n$ 时，输出用于 Allan 方差的计算；而对于交叠式采样方式而言，除第一组均值计算采用式(2-24)外，其余各组均值计算如式(2-25)所示：

$$\bar{o}_{k+1}(n) = \frac{1}{n}\sum_{i=k+1}^{n+k} o_{ki} = \bar{o}_k(n) + \frac{1}{n}\left(o_{kn+k} - o_{kk}\right) \tag{2-25}$$

其中，$k=1,2,\cdots$。采用直接式采样和交叠式采样的递推 Allan 方差的流程图分别如图 2.6(a)、(b)所示。

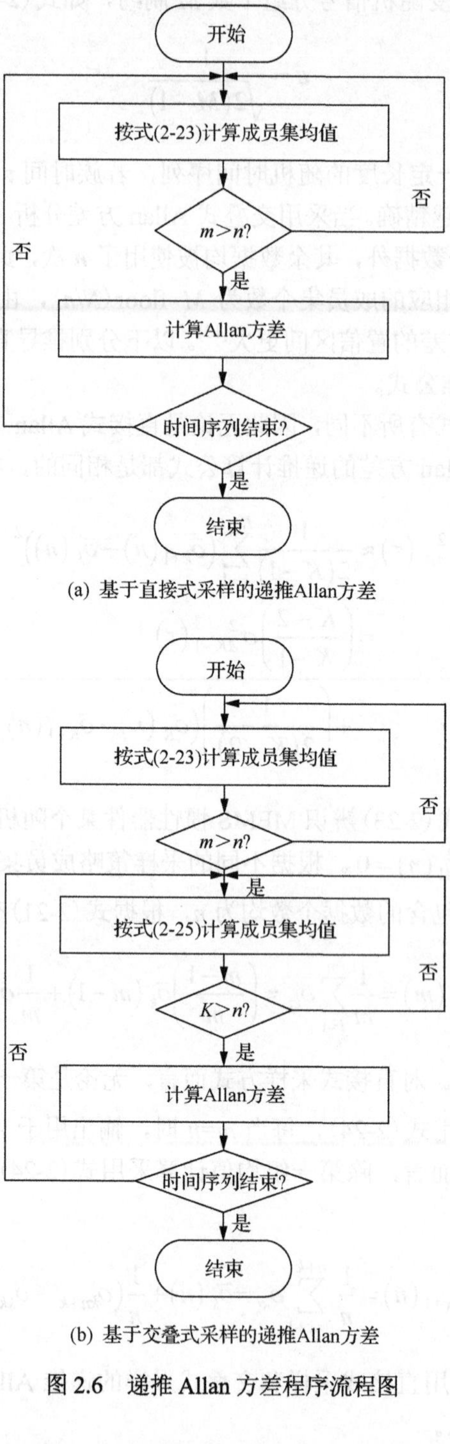

图 2.6　递推 Allan 方差程序流程图

2.4.2　递推 Allan 方差

对于 MEMS 惯性器件的系统误差，如零偏稳定性、标度因子误差、交叉耦合项系数等往往可通过 Kalman 滤波等方法进行在线辨识和补偿，但对于随机误差一般由于其随机性而很难进行在线估计。

目前有些文献根据 Allan 方差采用图解法辨识惯性器件的随机误差[12-14]，有的文献采用最小二乘法拟合得到误差参数[15,16]。本书基于递推 Allan 方差分析法对 MEMS 惯性传感器随机误差统计量进行在线辨识，不但辨识结果更加符合 MEMS 惯性器件的工作环境，而且使 MEMS 惯性器件随机参数的在线辨识与装订成为可能。递推 Allan 方差分析法以 Allan 方差分析法为基础，分别对均值 $\overline{o}_j(\tau)$ 和 Allan 方差进行递推计算。根据采样方式的不同，Allan 方差一般可分为直接式采样和交叠式采样，其区别如图 2.7 所示。直接式 Allan 方差只取图中白色圆圈圈定数据的下标为奇数的均值构成的集合 $\{\overline{o}_1,\overline{o}_3,\overline{o}_5,\cdots\}$，而交叠式 Allan 方差则是对白色圆圈和阴影圆圈圈定数据的均值进行连续取值，由于求取单双数均值的部分数据交叠在一起，因此称为交叠式 Allan 方差。

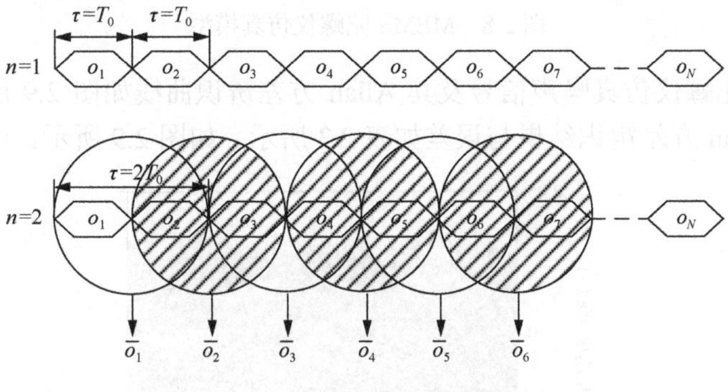

图 2.7　Allan 方差计算示意图

2.4.3　随机误差辨识

虽然针对不同 MEMS 惯性器件，生产厂商都会给出相应的性能指标参数，但是同一厂家生产的产品尽管随机误差特性大体相同，然而针对不同的具体产品，其随机误差参数也会与产品说明书上提供的性能指标存在差异，因此应当针对现有 MEMS 惯性器件，应用上述 Allan 方差分析法对陀螺仪和加速度计的噪声进行重新辨识，从而为 Kalman 滤波器的设计提供更加准确的器件参数。

1. 仿真实验

如前所述，由于特定产品的具体性能指标同产品说明书提供的参数迥异，因此无法以产品说明书器件参数作为标准，判定标准 Allan 方差辨识法抑或递推 Allan 方差辨识法误差。可见在对具体 MEMS 惯性器件的随机误差参数进行 Allan 方差辨识之前，有必要采用仿真实验验证标准 Allan 方差及其递推算法的有效性。

采用如图 2.8 所示的 MEMS 陀螺仪仿真模型[17,18]，在 MATLAB 的 Simulink 仿真环境下模拟产生 MEMS 陀螺仪的噪声信号，显然此时输入的真实角速度为 0，其余误差源分别为角度随机游走(angle random walk，ARW)噪声信号、角速度随机游走(rate random walk，RRW)噪声信号以及 $1/f$ 噪声信号。

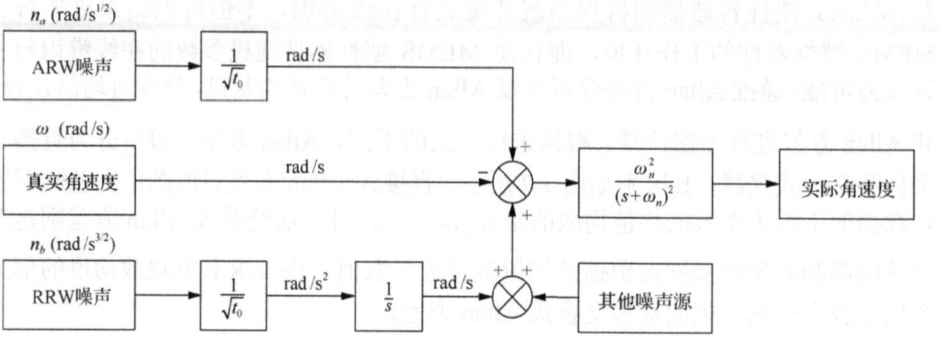

图 2.8 MEMS 陀螺仪仿真模型

MEMS 陀螺仪仿真噪声信号及其 Allan 方差辨识曲线如图 2.9 所示，仿真噪声参数及 Allan 方差辨识结果与误差如表 2.3 所示。如图 2.9 所示，由于交叠式采

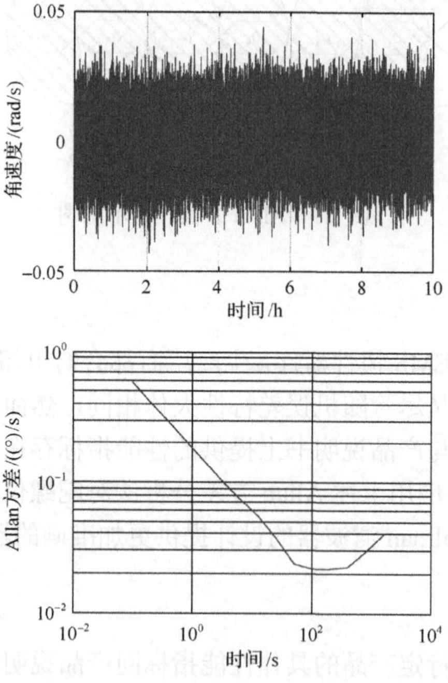

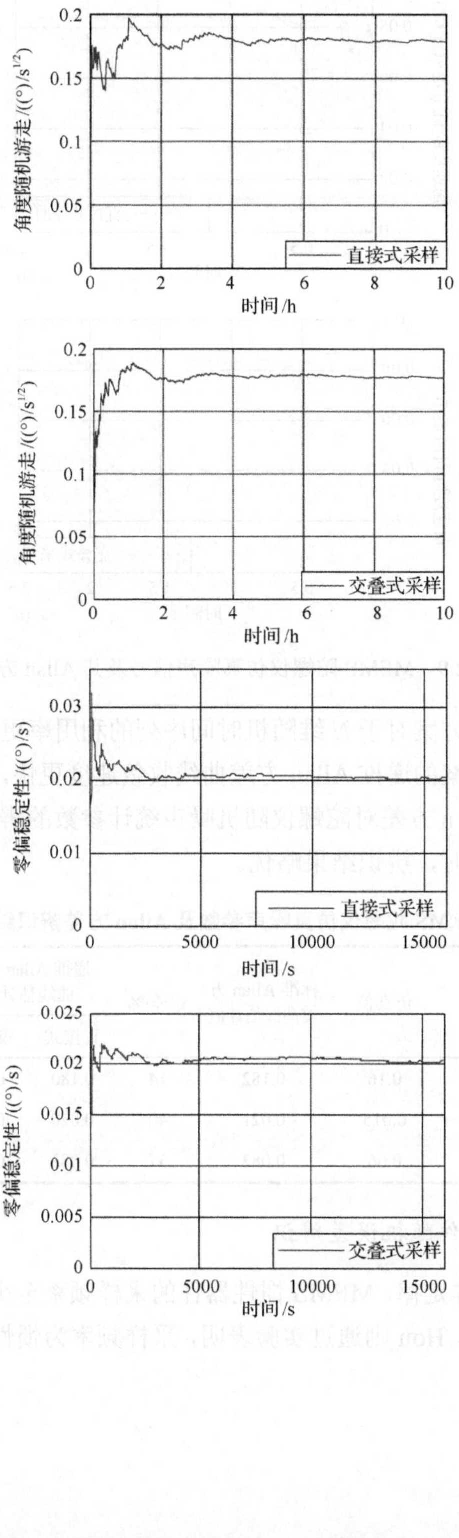
角度随机游走/((°)/s^1/2)
直接式采样
时间/h
角度随机游走/((°)/s^1/2)
交叠式采样
时间/h
零偏稳定性/((°)/s)
直接式采样
时间/s
零偏稳定性/((°)/s)
交叠式采样
时间/s

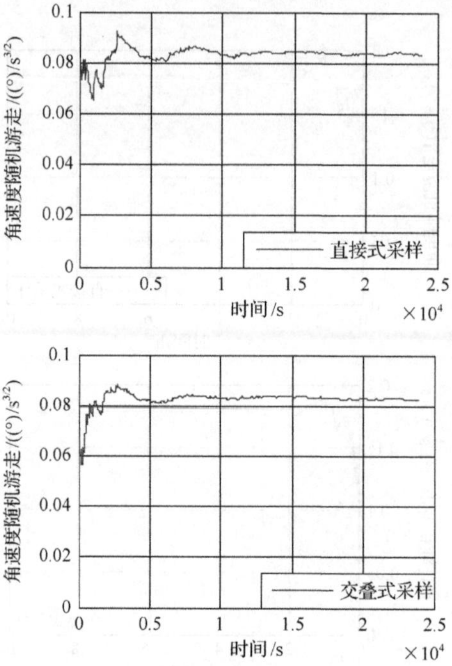

图 2.9　MEMS 陀螺仪仿真噪声信号及其 Allan 方差

样方案较直接式采样方案对于 N 维随机时间序列的利用率更高，因此在相同时间内采用交叠式采样方案的递推 Allan 方差曲线收敛速度更快，又由表 2.3 可见递推 Allan 方差与标准 Allan 方差对陀螺仪随机噪声统计参数的辨识精度基本相同，当采用交叠式采样方案时，辨识结果略优。

表 2.3　MEMS 陀螺仪仿真噪声参数及 Allan 方差辨识结果与误差

误差类型	单位	仿真值	标准 Allan 方差曲线估计值	误差/%	递推 Allan 方差曲线估计值		误差/%	
					直接式	交叠式	直接式	交叠式
角度随机游走	$(°)/s^{1/2}$	0.16	0.182	14	0.180	0.177	14	13
零偏稳定性	$(°)/s$	0.015	0.021	40	0.020	0.020	33	33
角速度随机游走	$(°)/s^{3/2}$	0.06	0.082	37	0.083	0.082	38	37

2. MEMS 惯性器件随机误差辨识

根据 Nyquist 采样定律，MEMS 惯性器件的采样频率至少应为其带宽的 2 倍，才能保证信号不失真。Hou 则通过实验表明，采样频率为惯性器件带宽的 3～6 倍较为合适[19]。由于 AHRS 中陀螺仪的带宽为 40Hz，加速度计的带宽为 30Hz，出于对 MEMS 惯性器件各项噪声误差在线辨识的考虑，将采样频率都设置为 100Hz。首先在室温下预热 5min，然后如图 2.5(a)、(b)所示先后令 AHRS 的 x 轴和 y 轴与转台的方位轴重合，连续采集其余两轴的 10h 静态数据，最后分别应用 Allan 方差分析法和递推 Allan 方差分析法对采集到的 MEMS 惯性器件数据进行分析，所得结果如图 2.10～图 2.15 和表 2.4～表 2.9 所示。

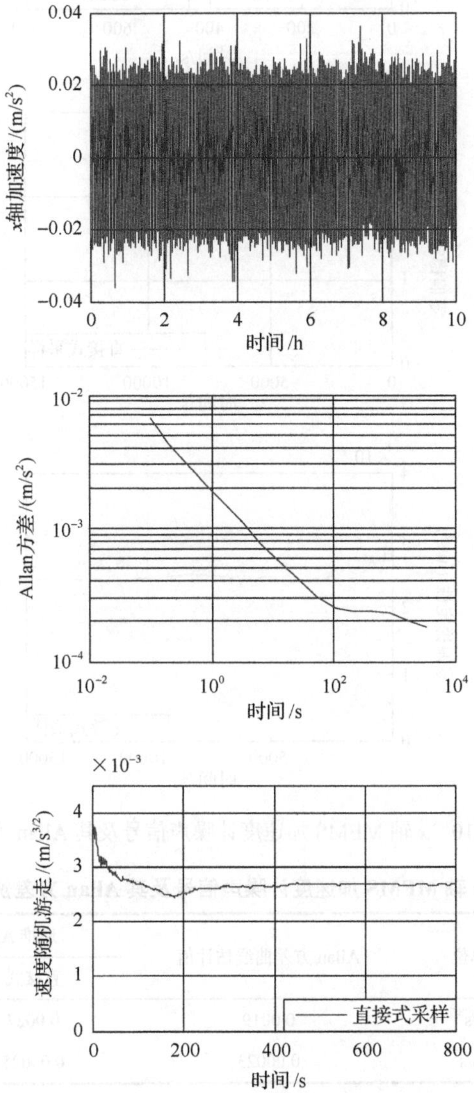

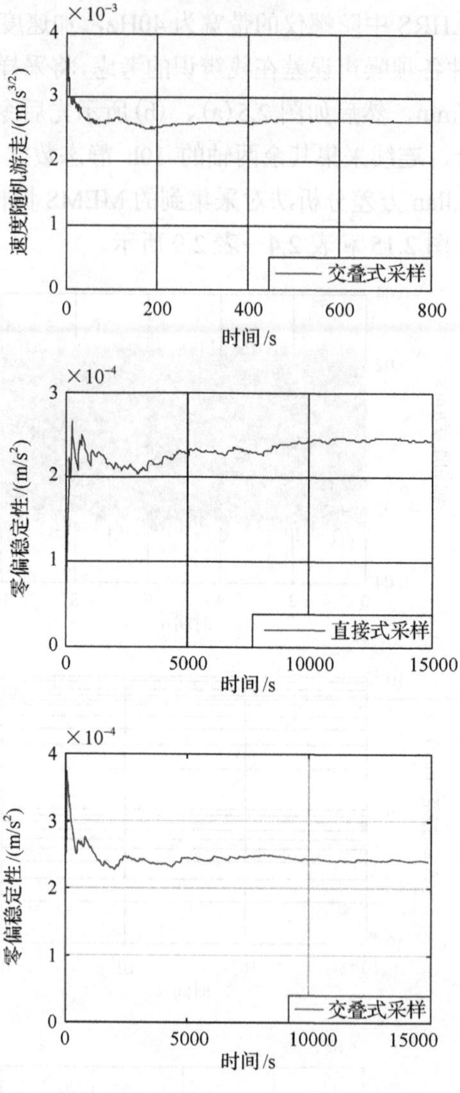

图 2.10　*x* 轴 MEMS 加速度计噪声信号及其 Allan 方差

表 2.4　*x* 轴 MEMS 加速度计噪声信号及其 Allan 方差辨识结果

误差类型	单位	Allan 方差曲线估计值	递推 Allan 方差曲线估计值	
			直接式	交叠式
速度随机游走	$m/s^{3/2}$	0.0019	0.0027	0.0026
零偏稳定性	m/s^2	0.00023	0.00025	0.00024

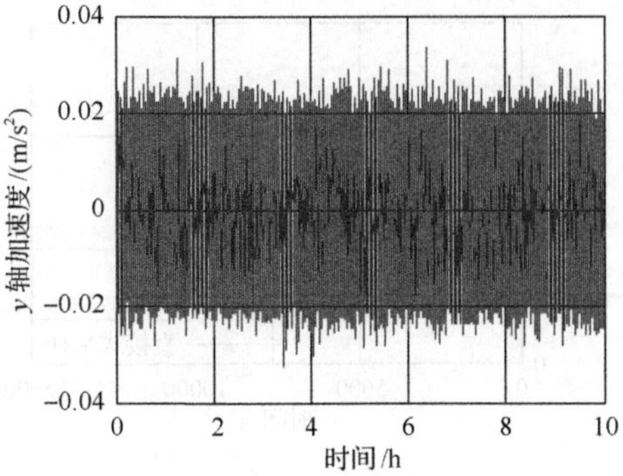
y 轴加速度/(m/s²)
0.04
0.02
0
−0.02
−0.04
0
2
4
6
8
10
时间/h

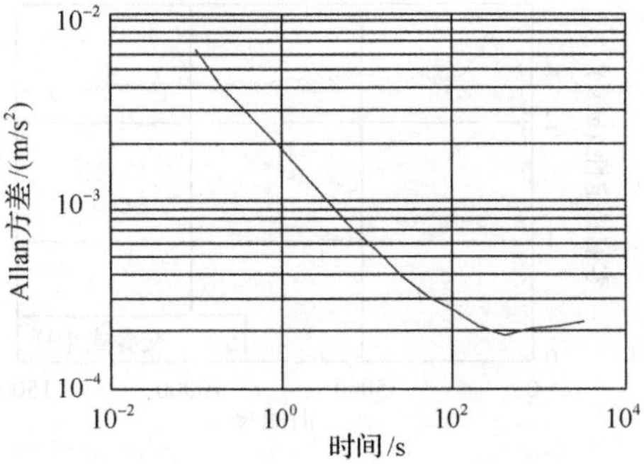
Allan方差/(m/s²)
10⁻²
10⁻³
10⁻⁴
10⁻²
10⁰
10²
10⁴
时间/s

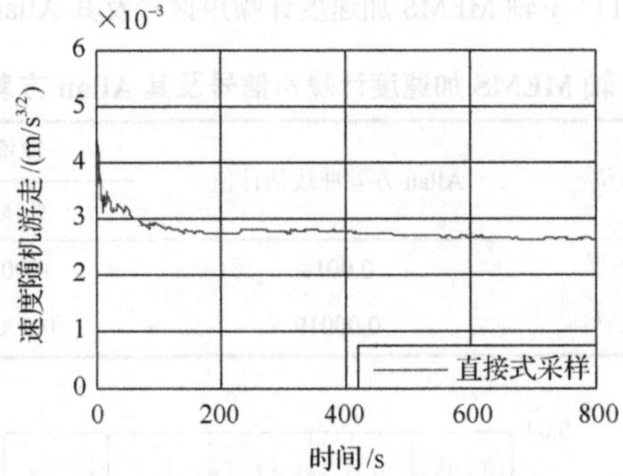
×10⁻³
速度随机游走/(m/s³ᐟ²)
6
5
4
3
2
1
0
0
200
400
600
800
时间/s
直接式采样

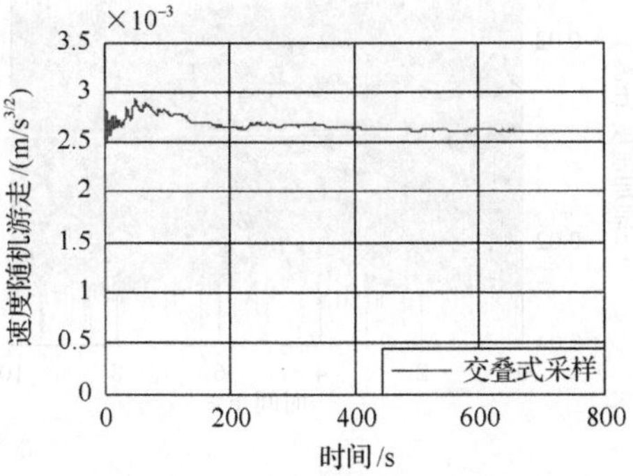
×10⁻³
速度随机游走/(m/s³ᐟ²)
3.5
3
2.5
2
1.5
1
0.5
0
0
200
400
600
800
时间/s
交叠式采样

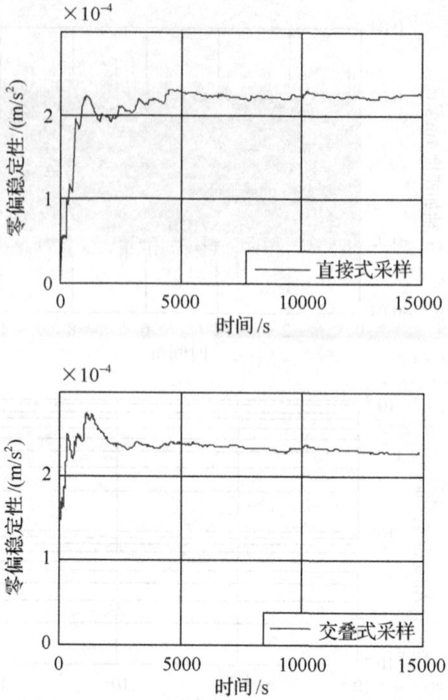

图 2.11　y 轴 MEMS 加速度计噪声信号及其 Allan 方差

表 2.5　y 轴 MEMS 加速度计噪声信号及其 Allan 方差辨识结果

误差类型	单位	Allan 方差曲线估计值	递推 Allan 方差曲线估计值	
			直接式	交叠式
速度随机游走	$m/s^{3/2}$	0.0018	0.0026	0.0026
零偏稳定性	m/s^2	0.00019	0.00023	0.00023

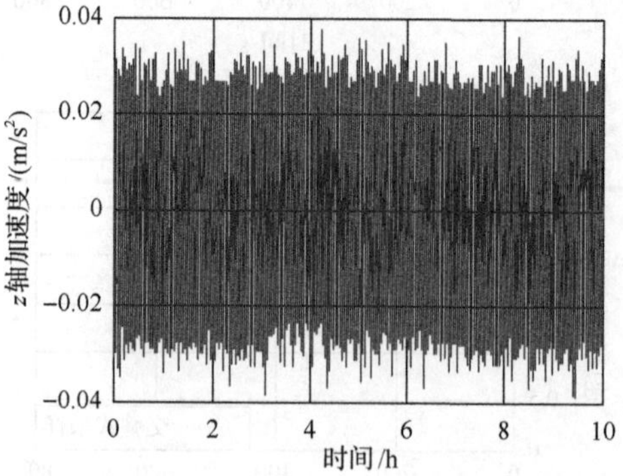

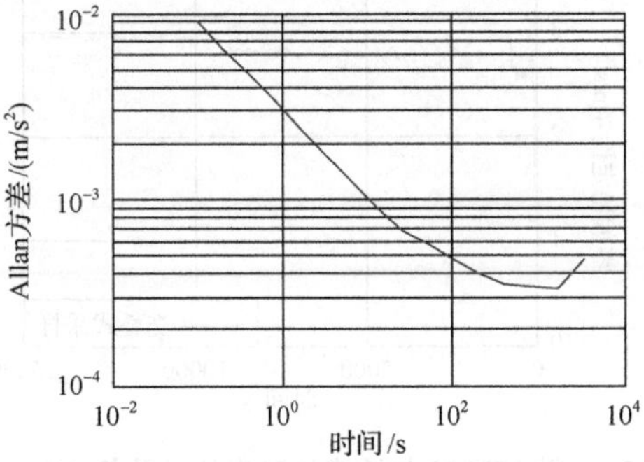
10^{-2}
10^{-3}
10^{-4}
Allan方差/(m/s^2)
10^{-2}
10^{0}
10^{2}
10^{4}
时间/s

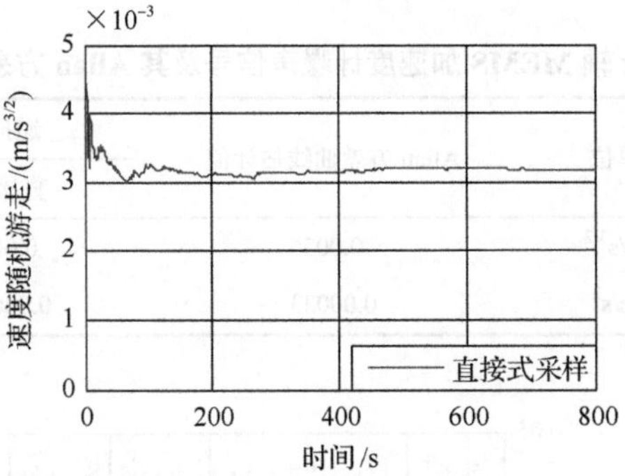
×10^{-3}
速度随机游走/(m/s$^{3/2}$)
0
1
2
3
4
5
直接式采样
0
200
400
600
800
时间/s

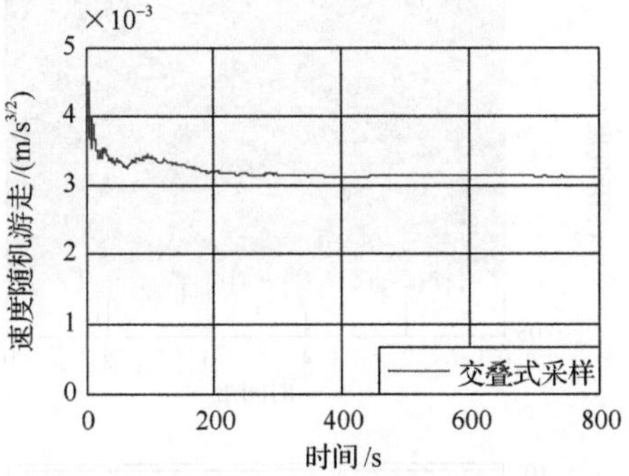
×10^{-3}
速度随机游走/(m/s$^{3/2}$)
0
1
2
3
4
5
交叠式采样
0
200
400
600
800
时间/s

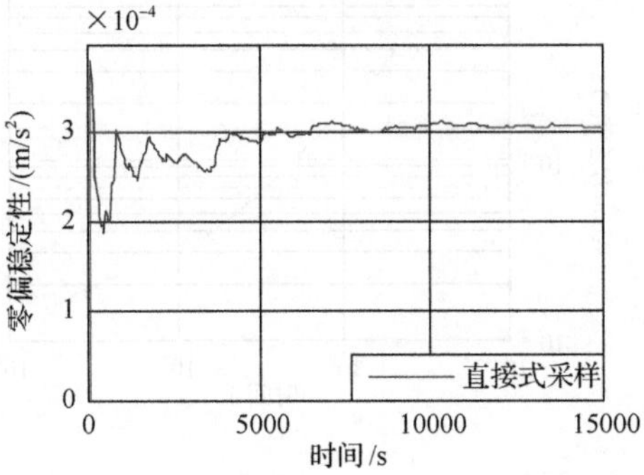
×10^{-4}
零偏稳定性/(m/s^2)
0
1
2
3
直接式采样
0
5000
10000
15000
时间/s

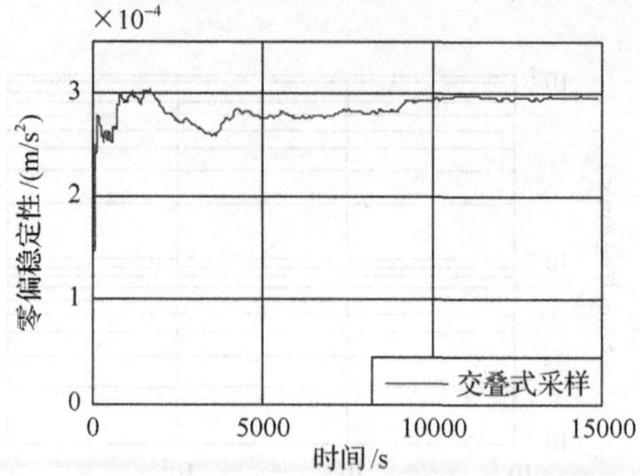

图 2.12　z 轴 MEMS 加速度计噪声信号及其 Allan 方差

表 2.6　z 轴 MEMS 加速度计噪声信号及其 Allan 方差辨识结果

误差类型	单位	Allan 方差曲线估计值	递推 Allan 方差曲线估计值	
			直接式	交叠式
速度随机游走	$m/s^{3/2}$	0.003	0.003	0.003
零偏稳定性	m/s^2	0.00033	0.00031	0.00030

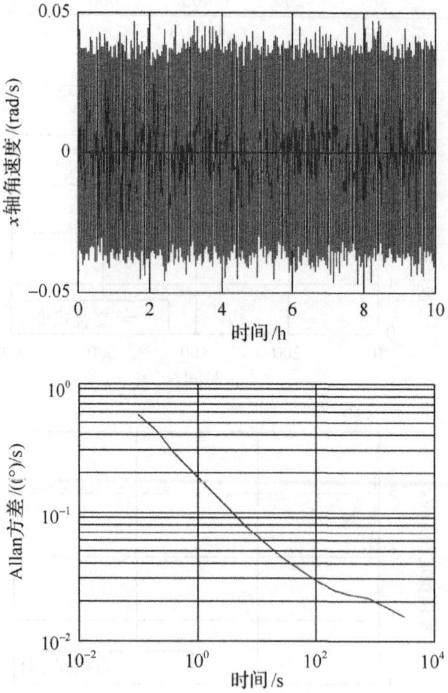

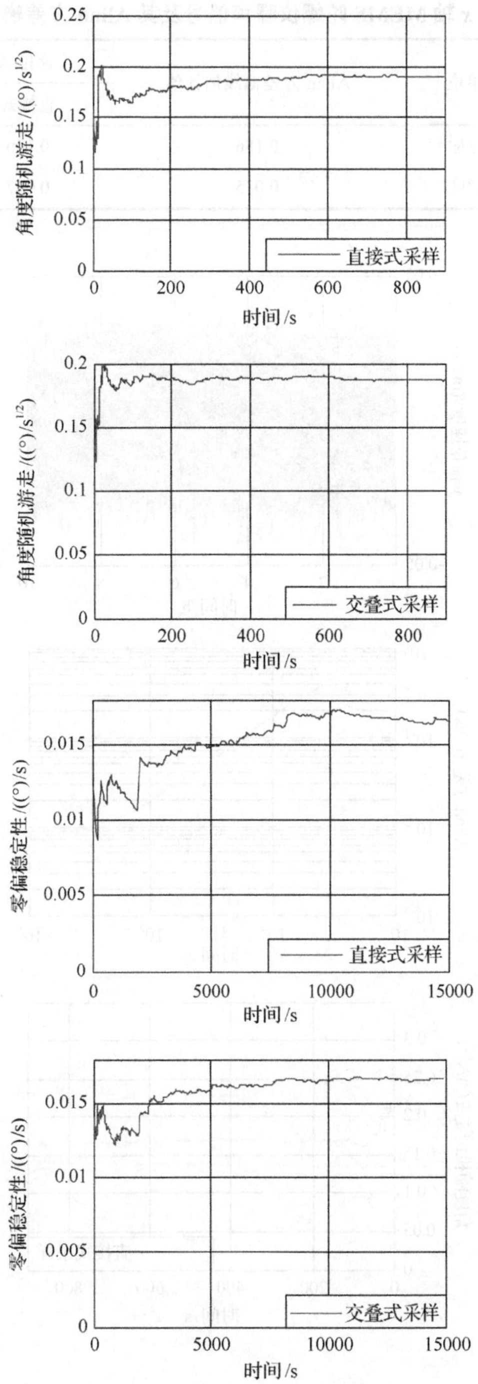

图 2.13　x 轴 MEMS 陀螺仪噪声信号及其 Allan 方差

表 2.7　*x* 轴 MEMS 陀螺仪噪声信号及其 Allan 方差辨识结果

误差类型	单位	Allan 方差曲线估计值	递推 Allan 方差曲线估计值	
			直接式	交叠式
角度随机游走	$(°)/s^{1/2}$	0.186	0.190	0.187
零偏稳定性	(°)/s	0.015	0.017	0.017

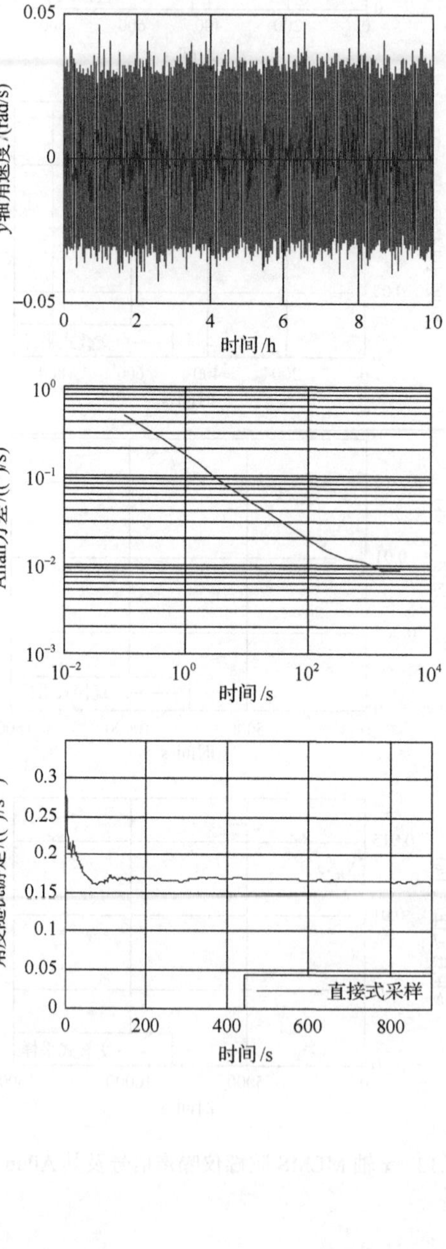

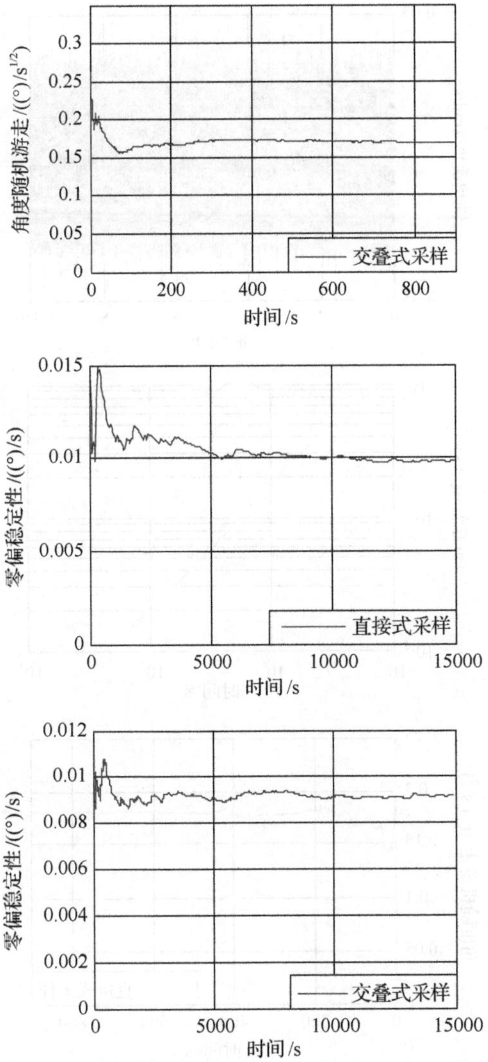

图 2.14　*y* 轴 MEMS 陀螺仪噪声信号及其 Allan 方差

表 2.8　*y* 轴 MEMS 陀螺仪噪声信号及其 Allan 方差辨识结果

误差类型	单位	Allan 方差曲线估计值	递推 Allan 方差曲线估计值	
			直接式	交叠式
角度随机游走	$(°)/s^{1/2}$	0.166	0.166	0.169
零偏稳定性	(°)/s	0.009	0.010	0.009

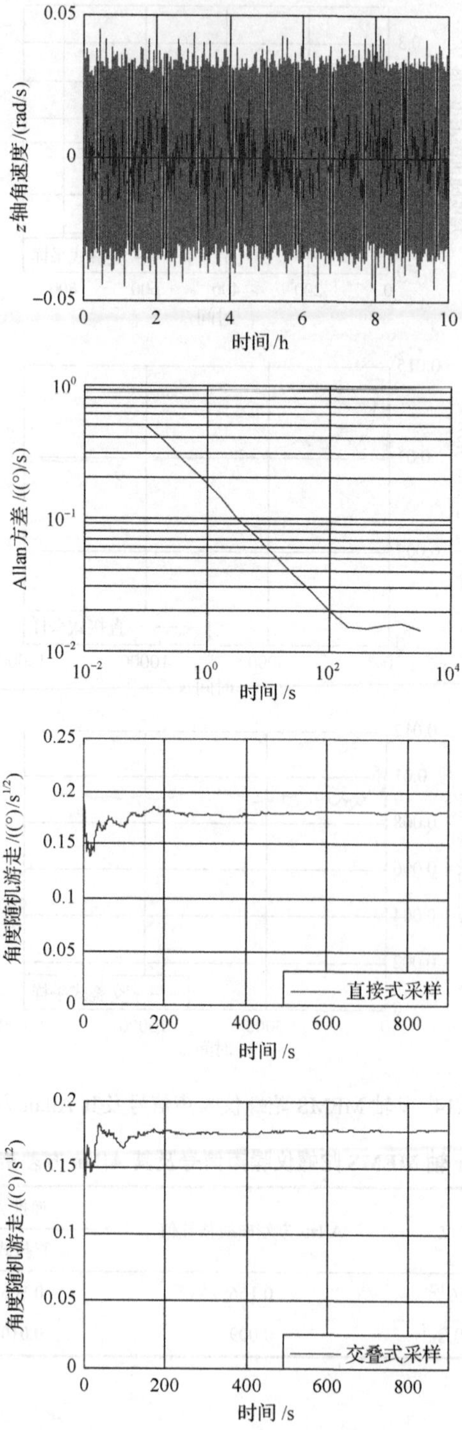

z轴角速度/(rad/s)
时间/h
Allan方差/((°)/s)
时间/s
角度随机游走/((°)/s^{1/2})
直接式采样
时间/s
角度随机游走/((°)/s^{1/2})
交叠式采样
时间/s

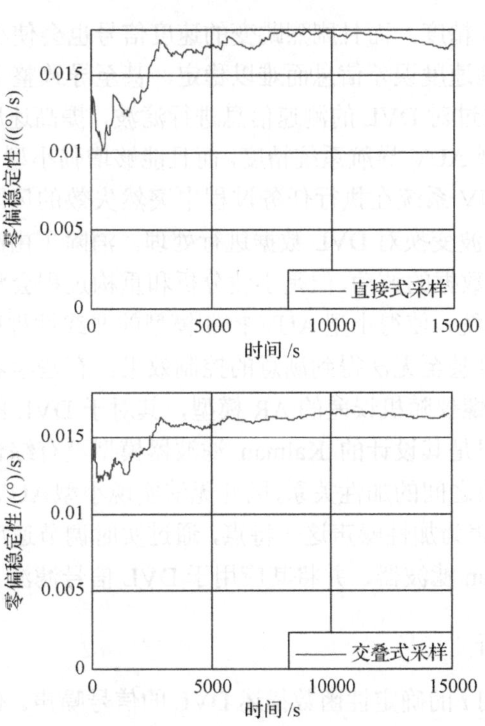

图 2.15　*z* 轴 MEMS 陀螺仪噪声信号及其 Allan 方差

表 2.9　*z* 轴 MEMS 陀螺仪噪声信号及其 Allan 方差辨识结果

误差类型	单位	Allan 方差曲线估计值	递推 Allan 方差曲线估计值	
			直接式	交叠式
角度随机游走	$(°)/s^{1/2}$	0.178	0.181	0.179
零偏稳定性	(°)/s	0.015	0.017	0.016

由图 2.10～图 2.15 以及表 2.4～表 2.9 可见，无论基于直接式采样还是交叠式采样，递推 Allan 方差算法均能收敛，且基于两种采样方式的递推 Allan 方差算法的辨识结果基本一致，但是基于交叠式采样的递推 Allan 方差算法的收敛速度要快于基于直接式采样的递推 Allan 方差算法的收敛速度。

2.5　多普勒测速仪滤波

DVL 是目前应用最广泛、最成功的水下自主导航设备之一。DVL 可测出小型 AUV 相对于海底的绝对速度或相对于水层的速度。虽然相控阵 DVL 仅用一个平面基阵相控发射和接收，理论上无须进行声速补偿[20-22]，但是相控阵 DVL 的输出信号中依然含有有色噪声。如果未经滤波直接将其输入导航和控制系统，不但会降低导航系统的定位精度，而且剧烈跳变的速度信号也会使小型 AUV 的控制系统由于无法准确得到速度误差信息而难以稳定，甚至导致整个小型 AUV 的控制系统瘫痪。因此，通过对 DVL 的测速信息进行滤波，提高速度信息的信噪比，不但能够有效提升小型 AUV 导航系统精度，而且能够增强小型 AUV 控制系统的鲁棒性，降低小型 AUV 系统在执行任务过程中突然失效的风险。

文献[23]基于小波变换对 DVL 数据进行处理，消除了由海流、温度等扰动因素导致的 DVL 测速数据的波动，但是小波分析和重构过程会将一个延迟环节引入小型 AUV 的控制系统，使得小型 AUV 控制模型的非线性程度加深，从而增加了控制算法的设计难度甚至无法得到满意的控制效果。有些学者基于时间序列分析法建立了 MEMS 陀螺仪随机误差的 AR 模型，其对于 DVL 的数据处理具有一定的借鉴意义[24-26]，但是其设计的 Kalman 滤波器模型没有综合考虑导航传感器输出的真实值同误差值之间的加性关系，因此无法实现小型AUV运动状态下的DVL滤波。基于 DVL 噪声为加性噪声这一特点，通过实时调节速度信息相关时间的倒数设计自适应 Kalman 滤波器，并将其应用于 DVL 信号滤波。

2.5.1 随机误差分析

虽然无法用时间 t 的确定性函数描述 DVL 的信号噪声。但是，借助于平稳时间序列线性模型，通过对小型 AUV 静止情况下 DVL 输出的噪声信号的时间序列分析，得到其噪声信号的数学模型。小型 AUV 静止时，DVL 的输出噪声信号如图 2.16 所示。

由图 2.16 可见，未经滤波的 DVL 信号的最大误差值接近 $0.018\text{m}/\text{s}$，这将导致小型 AUV 的导航系统产生较大的定位误差，而控制系统无法得到较为准确的速度反馈。根据时间序列分析的建模步骤和方法，对 DVL 输出的噪声信号进行平稳性检验、周期性检验和正态性检验后，应用时间序列分析法确定 DVL 噪声信号为 1 阶 AR 模型：

$$A(q)\omega_k = e_k \tag{2-26}$$

$$A(q) = 1 - 0.8961q^{-1} \tag{2-27}$$

其中，ω_k 为有色噪声时间序列；e_k 是均值为零、方差为 Q 的白噪声时间序列，对于该输出噪声，Q=0.0435。根据赤池信息量准则，此时最终预报误差(FPE)最小，其值为 2.24×10^{-3}。

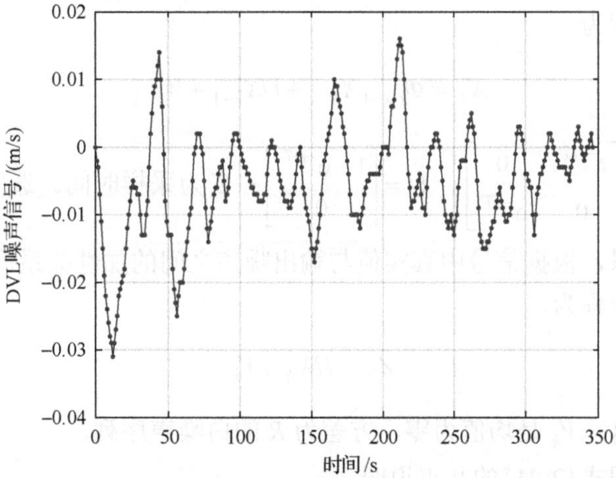

图 2.16　DVL 的输出噪声信号

基于 DVL 输出噪声的 AR(1)时间序列线性模型推导基于 DVL 输出信号的 Kalman 滤波器的动态方程，并注意到 DVL 输出信号是由速度的真实值与加性随机噪声构成的。借鉴当前统计模型理论，设速度的真实值 $v(t)$ 由常速分量 $v_c(t)$ 和变速分量 $v_d(t)$ 两部分组成，且变速分量为一阶马尔可夫过程，即

$$\begin{cases} v(t)=v_c(t)+v_d(t) \\ \dot{v}_d(t)=-\alpha v_d(t)+\varepsilon(t) \end{cases} \tag{2-28}$$

其中，$\varepsilon(t)$ 是均值为零、方差为 $2\alpha\sigma_v^2$ 的高斯白噪声；α 为速度信息的反相关时间。

推得速度的真实值 $v(t)$ 的表达式为

$$\dot{v}(t)=-\alpha v(t)+\alpha v_c(t)+\varepsilon(t) \tag{2-29}$$

设 DVL 输出信号中有色噪声 w 的 AR 模型满足微分方程：

$$\dot{w}(t)=-\phi w(t)+e(t) \tag{2-30}$$

其中，ϕ 为反相关时间；$e(t)$ 表示均值为零、方差为 $2\phi\sigma_w^2$ 的高斯白噪声。根据 Kalman 滤波理论，采用状态扩增法将有色噪声 $w(t)$ 和速度的真实值 $v(t)$ 一起作为状态变量，即令 $X(t)=\begin{bmatrix} v(t) & w(t) \end{bmatrix}^{\mathrm{T}}$，则系统方程为

$$\begin{bmatrix} \dot{v}(t) \\ \dot{w}(t) \end{bmatrix}=\begin{bmatrix} -\alpha & 0 \\ 0 & -\phi \end{bmatrix}\begin{bmatrix} v(t) \\ w(t) \end{bmatrix}+\begin{bmatrix} \alpha \\ 0 \end{bmatrix}v_c(t)+\begin{bmatrix} \varepsilon(t) \\ e(t) \end{bmatrix} \tag{2-31}$$

相应的离散方程为

$$X_k = \Phi_{k,k-1} X_{k-1} + U\bar{X}_{k-1} + W_{k-1} \tag{2-32}$$

其中，$\Phi_{k,k-1} = \begin{bmatrix} e^{-\alpha T} & 0 \\ 0 & e^{-\phi T} \end{bmatrix}$；$U = \begin{bmatrix} 1 - e^{-\alpha T} \\ 0 \end{bmatrix}$；$T$ 为采样时间。选取 DVL 的输出信号作为观测量，根据信号中真实值与输出噪声之间的加性关系得到 Kalman 滤波器离散观测方程为

$$Z_k = HX_k + V_k \tag{2-33}$$

其中，$H = [1\ 1]$；V_k 是均值为零、方差为 R 的白噪声序列。

对滤波方程式(2-31)的几点说明：

(1)借鉴当前统计模型的思想，在 Kalman 滤波状态方程中引入速度信息的反相关时间 α 作为滤波器参数使得速度信号构成时间相关序列，符合小型 AUV 动态特性要求；

(2)观测噪声 V_k 的方差 R 应根据 DVL 的输出信号的滤波效果进行离线调整，从而保证 Kalman 滤波器的收敛性和精确性。

2.5.2 自适应 Kalman 滤波器

Kalman 滤波器采用反馈方式估计过程状态。首先，滤波器估计信号在某一时刻的状态，然后以含有噪声的测量变量的方式获得信息反馈。因此，Kalman 滤波器可分为两个部分：时间更新方程和测量更新方程。时间更新方程负责预测当前状态变量和误差协方差阵在下一时刻的取值，为下一个时刻的状态构造先验估计。测量更新方程负责反馈，即将先验估计和新的测量变量结合以构造改进的后验估计。DVL 滤波器采用 Kalman 滤波方式，并借鉴 S 面控制算法的思想，动态调整滤波参数，实现最小均方估计误差意义下的随机信号的最优线性滤波。

1. S 面控制算法

S 面控制算法的提出源于水下潜器的运动控制。该算法从模糊逻辑控制方式出发，借鉴 PID 控制的结构形式，采用非线性函数来拟合具有强非线性特性的控制对象，在一定程度上体现了模糊控制的思想。S 面控制算法将模糊控制中的 Sigmoid 函数从一元函数变为二元函数，其表达式为

$$u = \frac{2}{1 + \exp\left(-k_1 e - k_2 \dot{e}\right)} - 1 \tag{2-34}$$

其中，e 和 $\dot{e}$ 分别为归一化的偏差和偏差变化率；u 为控制输出；k_1 和 k_2 分别为偏差和偏差变化率对应的控制参数。通过调整控制参数 k_1 和 k_2 可以实现对强非线性系统的近似[27,28]。

2. 自适应 Kalman 滤波算法

设每一采样时刻的加速度计输出信号归一化为 a_k，DVL 输出的速度信号归一化为 v_k。借鉴 S 面控制算法的思想式(2-34)，小型 AUV 速度信息的反相关时间 α 可表示为

$$\alpha_k = \frac{2}{1+\exp\left(-k_1\left|v_k - \left\|\bar{X}_{k-1}\right\|\right| - k_2\left|a_k\right|\right)} - 1 \tag{2-35}$$

其中，$\left\|\bar{X}_{k-1}\right\|$ 表示 $\bar{X}_{k-1}$ 的归一化。

又根据小型 AUV 的运动特点，速度信息的相关时间最小为 1s，则反相关时间 $\alpha_k \in [0,1]$，如图 2.17 所示。

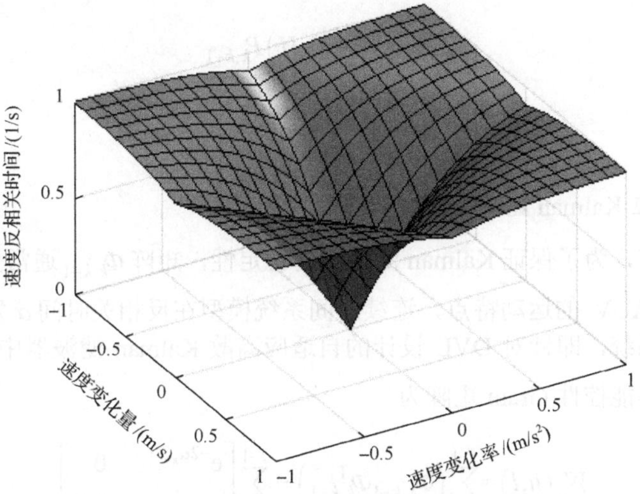

图 2.17　速度真值的反相关时间估计

根据式(2-35)，当速度变化量 $v_k - \left\|\bar{X}_{k-1}\right\|$ 和速度变化率 a_k 的绝对值均为零时，表明小型 AUV 做匀速直线运动，此时 $\alpha = 0$；当速度变化量 $v_k - \left\|\bar{X}_{k-1}\right\|$ 或速度变化率 a_k 的绝对值不为零时，表明小型 AUV 做变速运动，速度信息的反相关时间 α 趋于 1。设 $\hat{v}_c$ 是速度常值分量的估计值，结合小型 AUV 的运动特点设计的 DVL 自适应离散 Kalman 滤波器如下：

$$\alpha_k = \frac{2}{1+\exp\left(-k_1\left|v_k - \left\|\bar{X}_{k-1}\right\| - k_2\left|a_k\right|\right|\right)} - 1 \tag{2-36}$$

$$\Phi_{k,k-1} = \begin{bmatrix} \mathrm{e}^{-\alpha_k T} & 0 \\ 0 & \mathrm{e}^{-\phi T} \end{bmatrix} \tag{2-37}$$

$$U = \begin{bmatrix} 1-\mathrm{e}^{-\alpha_k T} \\ 0 \end{bmatrix} \tag{2-38}$$

$$\hat{X}_{k,k-1} = \Phi_{k,k-1}\hat{X}_{k-1} + U\bar{X}_{k-1} \tag{2-39}$$

$$P_{k,k-1} = \Phi_{k,k-1}P_{k-1}\Phi_{k,k-1}^{\mathrm{T}} + Q \tag{2-40}$$

$$K_k = P_{k,k-1}H^{\mathrm{T}}\left(HP_{k,k-1}H^{\mathrm{T}} + R\right)^{-1} \tag{2-41}$$

$$\hat{X}_k = \hat{X}_{k,k-1} + K_k\left(Z_k - H\hat{X}_{k,k-1}\right) \tag{2-42}$$

$$P_k = \left(I - K_k H\right)P_{k,k-1} \tag{2-43}$$

$$\bar{X}_k = \bar{X}_{k-1} = \hat{v}_{\mathrm{c}} \tag{2-44}$$

3. 自适应 Kalman 滤波器稳定性分析

一般而言，为了保证 Kalman 滤波器的稳定性，矩阵 $\Phi_{k,k-1}$ 通常为常数阵[29]。而根据小型 AUV 的运动特点，连续时间系统模型在反相关时间 α 发生变化时应为分段连续系统，即针对 DVL 设计的自适应离散 Kalman 滤波器中矩阵 $\Phi_{k,k-1}$ 为时变矩阵。其能控性 Gram 矩阵为

$$W_{\mathrm{c}}(h,l) = \sum_{k=h}^{l-1}\left(\Phi_{k,k-1}\Phi_{k,k-1}^{\mathrm{T}}\right) = \sum_{k=h}^{l-1}\begin{bmatrix} \mathrm{e}^{-2\alpha_k T} & 0 \\ 0 & \mathrm{e}^{-2\phi T} \end{bmatrix} \tag{2-45}$$

是非奇异的，因此根据时变离散系统能控性 Gram 矩阵判据，该时变离散系统是一致完全能控的。又该时变离散系统的能观性 Gram 矩阵为

$$W_{\mathrm{o}}(h,l) = \sum_{k=h}^{l-1}\left(\Phi_{k,k-1}HH^{\mathrm{T}}\Phi_{k,k-1}^{\mathrm{T}}\right) = 2\sum_{k=h}^{l-1}\begin{bmatrix} \mathrm{e}^{-2\alpha_k T} & 0 \\ 0 & \mathrm{e}^{-2\phi T} \end{bmatrix} \tag{2-46}$$

也是非奇异的，因此根据时变离散系统的能观性 Gram 矩阵判据，该时变离散系

统是一致完全能观的。根据 Kalman 滤波稳定性定理，如果随机线性系统是一致完全能控和一致完全能观的，则其对应的 Kalman 滤波器是一致渐近稳定的，因此本书针对 DVL 设计的 Kalman 滤波器是一致渐近稳定的。

4. 反相关时间算子的阈值滤波

虽然 DVL 自适应 Kalman 滤波器在理论上能够实现稳定的滤波效果，但在实际应用中，小型 AUV 导航系统中的加速度计和 DVL 输出噪声的存在使得速度信息反相关时间 α_k 由于受到噪声的干扰而发生频繁的跳变，无法反映小型 AUV 真实的动态特性，因此需要对反相关时间算子进行滤波处理。

缘于小型 AUV 导航系统对实时性的要求，采用阈值滤波解决上述问题。设加速度计滤波阈值为 a_{th}，DVL 的滤波阈值为 v_{th}。根据实际采用的加速度计和 DVL 在小型 AUV 静止时的最大跳变值，分别将 a_{th} 和 v_{th} 设定为某一归一化的正值。将式(2-36)改写为

$$\alpha_k = \frac{2}{1+\exp(-k_1\Upsilon - k_2 A)} - 1 \tag{2-47}$$

其中，$\Upsilon=\text{fix}\left(\left|v_k - \left\|\bar{X}_{k-1}\right\|\right|/v_{\text{th}}\right)$；$A=\text{fix}\left(\left|\alpha_k\right|/a_{\text{th}}\right)$。fix 为取整运算。根据滤波效果，离线调整参数 k_1 和 k_2。需要说明的是，速度信息的反相关时间 α_k 对小型 AUV 运动的敏感程度受参数 k_1 和 k_2 的影响，参数值越大，其对小型 AUV 的运动状态越敏感，因此应当根据实际情况实时调整参数 k_1 和 k_2 的大小。

2.5.3　算法性能检验

通过水池实验检验基于 S 面的自适应 Kalman 滤波算法性能。实验中利用 AHRS 输出的加速度信息作为速度信息的变化率。AHRS 系统采用的 MEMS 加速度计的性能指标如下：零偏稳定性(1σ) $0.02\text{m}/\text{s}^2$；随机游走 $0.02(\text{m}/\text{s}^2)/\text{Hz}^{1/2}$。

水池实验速度规划如下：小型 AUV 先静止 180s 左右，再匀加速至 $0.5\text{m}/\text{s}$，然后变加速至 $0.7\text{m}/\text{s}$，接着匀速航行一段时间，最后匀减速直至静止。基于 S 面的自适应 Kalman 滤波器中的参数分别为：v_{th}=0.15m/s; a_{th}=0.2m/s^2; $k_1=k_2=100$。分别采用经典 Kalman 滤波器(KF)和基于 S 面的自适应 Kalman 滤波器(AKF)对 DVL 输出的速度信息进行滤波。DVL 输出的速度用实线表示，滤波结果用虚线表示，速度规划值用点画线表示。图 2.18 和图 2.19 分别是小型 AUV 速度信息反相关时间 α=0.001s 和 α=0.1s 时采用经典 Kalman 滤波后的小型 AUV 速度信息。由图可见，由于经典 Kalman 滤波器无法实时调整速度信息的反相关时间，滤波结果很难同时具有准确性和实时性。实验表明，速度信息反相关时间较小

(α=0.001s)时，如图 2.18 所示的滤波结果虽然静态滤波精度较高，但在小型 AUV 运动过程中具有延迟大、滤波不准确的显著缺陷，不能满足小型 AUV 控制系统要求；反相关时间较大(α=0.1s)时，如图 2.19 所示的滤波结果实时性虽然得到了满足，但滤波效果极差。

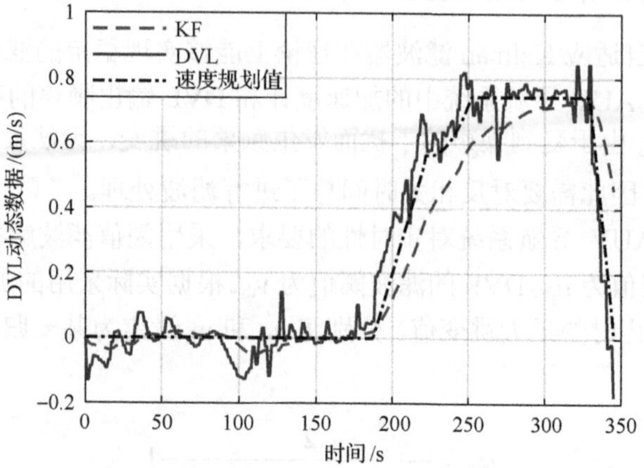

图 2.18　α=0.001s 时采用经典 Kalman 滤波后的小型 AUV 速度信息

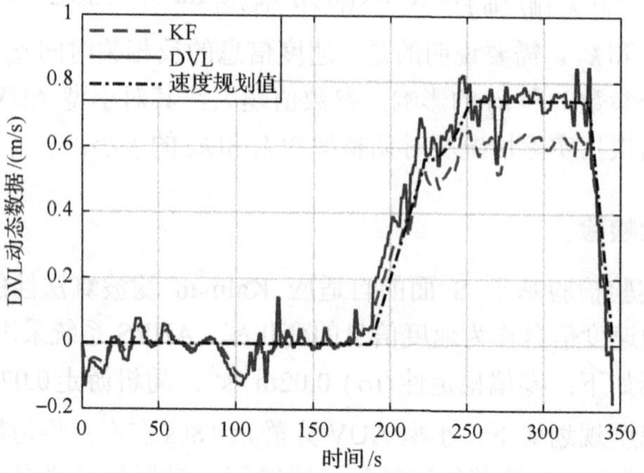

图 2.19　α=0.1s 时采用经典 Kalman 滤波后的小型 AUV 速度信息

由图 2.20 可见，基于 S 面的自适应 Kalman 滤波器的滤波延迟极小，完全能够满足小型 AUV 控制系统对速度信息实时性的要求。同时将小型 AUV 稳态段的速度规划值作为速度的真实值，分别计算滤波前后各个运动阶段的速度信息误差(1σ)。如表 2.10 所示，基于 S 面的自适应 Kalman 滤波器能够大幅提升 DVL 的精度，提高 DVL 的信噪比。

表 2.10　小型 AUV 速度信息误差对比　　（单位：m/s）

测试对象	静止	匀加速	变加速	匀速	匀减速
DVL	0.05	0.05	0.06	0.05	0.06
AKF	0.01	0.03	0.04	0.01	0.03

水池实验结果表明，基于 S 面控制算法的思想，借鉴当前统计模型，设计的自适应 Kalman 滤波器不但有效地滤除了 DVL 输出信号中的有色噪声，显著提高了信噪比，而且能够满足小型 AUV 导航系统和控制系统对实时性的苛刻要求，具有算法实现简单、滤波效果明显、实时性好等特点。

值得注意的是，在没有加速度信息辅助的情况下，确定速度反相关时间 α 的计算公式将会由 Sigmoid 曲面函数退化为 Sigmoid 曲线函数，然而利用反相关时间的 Sigmoid 曲线函数依然可以仅依靠速度的变化量对 DVL 的输出信号进行有效的滤波，并且依然可以满足精度和实时性的要求。

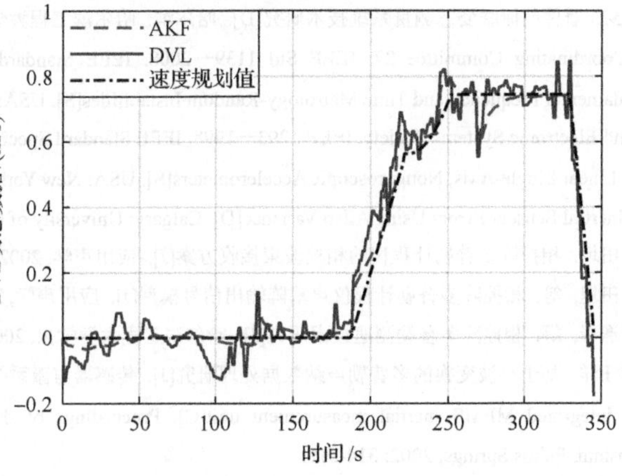

图 2.20　采用基于 S 面的自适应 Kalman 滤波后的小型 AUV 速度信息

参 考 文 献

[1] 陈哲. 捷联惯导系统原理[M]. 北京：宇航出版社, 1986.

[2] 陈北鸥, 孙文胜, 张桂宏, 等. 捷联组合(设备无定向)六位置测试标定[J]. 导航与航天运载技术, 2001, (3): 23-27.

[3] Bar-Itzhack I Y, Harman R R. Implicit and explicit spacecraft gyro calibration[C]. Proceedings of the AIAA Guidance, Navigation and Control Conference and Exhibit, Providence, 2004, 5343: 1-17.

[4] 宋丽君, 秦永元. 微机电加速度计的六位置标定[J]. 传感技术学报, 2009, 22(11): 1557-1561.

[5] 宋丽君, 秦永元. MEMS 加速度计的六位置测试法[J]. 测控技术, 2009, 28(7): 11-17.

[6] Howe D A, Percival D B. Wavelet variance, Allan variance, and leakage[J]. IEEE Transactions on Instrumentation and Measurement, 1995, IM-44(2): 94-97.

[7] 史锦顺. 方差的新概念——兼论阿仑方差[J]. 电光系统, 2001, 16(1): 1-10.

[8] 史锦顺. 测量精度的新概念[J]. 电光系统, 2003, 18(3): 3-7.
[9] Schaub H, Junkins J L. Stereographic orientation parameters for attitude dynamics: A generalization of the Rodrigues parameters[J]. Journal of the Astronautical Sciences, 1996, 44(1): 1-19.
[10] 李战, 冀邦杰, 国琳娜. 光纤陀螺漂移信号的 Allan 方差分析[J]. 光电子·激光, 2008, 19(2): 183-186.
[11] 徐怀明, 王建, 帅必晖, 等. 利用分段回归拟合激光陀螺仪零偏测试的 Allan 方差[J]. 光学技术, 2007, 33(6): 867-869.
[12] Hou H, El-Sheimy N. Inertial sensors errors modeling using Allan variance[C]. Proceedings of the 16th International Technical Meeting of the Satellite Division of The Institute of Navigation (ION GPS/GNSS 2003), Portland, 2003: 2860-2867.
[13] Ferre-Pikal E S, Vig J R, Camparo J C. Draft revision of IEEE Std 1139-1988 standard definitions of physical quantities for fundamental frequency and time metrology-random instabilities[C]. Proceedings of the IEEE Frequency Control Symposium, Orlando, 1997: 338-357.
[14] Lam Q M, Stamatakos N, Woodruff C, et al. Gyro modeling and estimation of its random noise sources[C]. Proceedings of the 16th AIAA Guidance Navigation and Control Conference and Exhibit, Austin, 2003: 1111-1124.
[15] 倪静静, 王俊璞, 卫炎, 等. 三轴一体化光纤陀螺的 Allan 方差分析[J]. 光学仪器, 2007, 29(1): 57-61.
[16] 刘付强. 基于 MEMS 器件的捷联姿态测量系统技术研究[D]. 哈尔滨: 哈尔滨工程大学, 2007.
[17] IEEE Standards Coordinating Committee 27. IEEE Std 1139—2008. IEEE Standard Definitions of Physical Quantities for Fundamental Frequency and Time Metrology-Random Instabilities[S]. USA: New York, 2009.
[18] IEEE Aerospace and Electronic Systems Society. IEEE 1293—1998. IEEE Standard Specification Format Guide and Test Procedure for Linear Single-Axis, Nongyroscopic Accelerometers[S]. USA: New York, 2019.
[19] Hou H. Modeling Inertial Sensors Errors Using Allan Variance[D]. Calgary: University of Calgary, 2004.
[20] 卢逢春, 张殿伦, 田坦. 相控阵多普勒计程仪的相控波束接收方案[J]. 应用声学, 2002, 21(4): 6-9.
[21] 张殿伦, 卢逢春, 田坦, 等. 相控阵多普勒计程仪声基阵输出信号模型[J]. 应用声学, 2003, 22(5): 21-24.
[22] 田坦, 张殿伦, 卢逢春, 等. 相控阵多普勒测速技术研究[J]. 哈尔滨工程大学学报, 2002, 23(1): 80-85.
[23] 陈刚, 高贤志, 赵汪洋. 基于小波变换的多普勒声纳数据处理研究[J]. 传感器与微系统, 2006, 25(12): 9-11.
[24] Cardarelli D. An integrated MEMS inertial measurement unit[C]. Proceedings of the Position Location and Navigation Symposium, Palms Springs, 2002: 314-319.
[25] 吉训生, 王寿荣, 许宜申. 自适应 Kalman 滤波在 MEMS 陀螺仪信号处理中的应用[J]. 传感器与微系统, 2006, 25(9): 330-334.
[26] Hua Z, Ke X Z, Rong J. Experimental research on feedback Kalman model of MEMS gyroscope[C]. International Conference on Electronic Measurement and Instruments, Xi'an, 2007: 1-253-1-256.
[27] 刘学敏, 徐玉如. 水下机器人运动的 S 面控制方法[J]. 海洋工程, 2001, 19(3): 81-84.
[28] 刘建成, 于华男, 徐玉如. 水下机器人改进的 S 面控制方法[J]. 哈尔滨工程大学学报, 2002, 23(1): 33-36.
[29] Berg R. Estimation and prediction for maneuvering target trajectories[J]. IEEE Transactions on Automatic Control, 1983, 28(3): 294-304.

第3章 水下机器人推位导航技术

针对小型AUV自主隐蔽航行的工作特点，采用AHRS/DVL/深度计组合导航系统作为小型AUV的水下导航系统，由其为控制与规划系统提供小型AUV的位置、速度、姿态等信息。而GPS接收机则提供小型AUV水面初始位置信息，并在小型AUV上浮至水面时对该组合导航系统进行位置修正。文献[1]指出传感器误差通常占导航系统定位误差的90%左右，因此准确、高信噪比的传感器信号对提升小型AUV水下组合导航系统的定位精度具有重要的意义。尤其对于小型AUV，其航向信息通常由微型航姿参考系统(miniature attitude and heading reference system，MAHRS)提供。受体积和成本的限制，MAHRS的航向信息通常基于由磁强计提供的地磁场场强信息解算得到，因而是基于磁北方向的磁方位角。而磁北方向N′与真北方向N的指向往往存在如图3.1所示的角度差异，即磁北方向与真北方向之间存在一定的夹角，这一夹角称磁偏角δ。

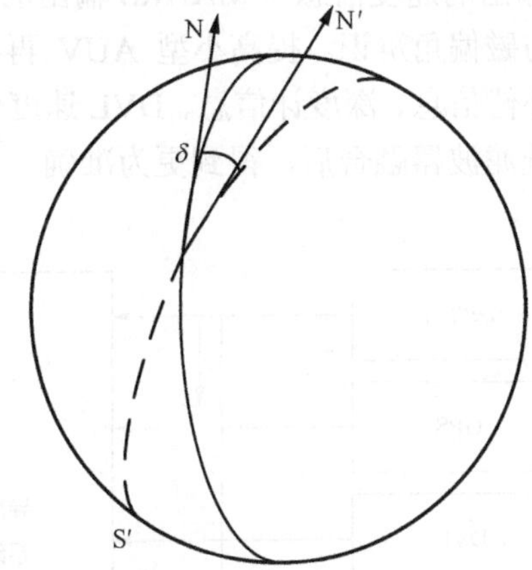

图3.1 磁方位角与真方位角间的磁偏角

MAHRS的这一本质特征往往会造成推位导航系统的跟踪航迹与AUV的真实航迹之间存在一个夹角，此角即为磁方位角与真方位角在特定方向上相差的磁偏角δ，需要予以补偿。针对上述问题，本节首先提出具有磁偏角估计与修正能力的小型AUV组合导航系统的数据融合架构，然后基于MAHRS工作原理提出磁偏角辨识算法，最后提出一种具有磁偏角自适应补偿能力的小型AUV组合导航系统数据融合算法。

3.1　小型 AUV 推位导航系统的集成结构

小型 AUV 配备的水下导航设备如图 3.2 所示，有深度计、DVL、GPS 接收机以及 AHRS。小型 AUV 组合导航系统基于数据融合算法，将上述传感器输出的数据信息相融合，实现小型 AUV 的水下定位与水面磁偏角辨识及位置修正。

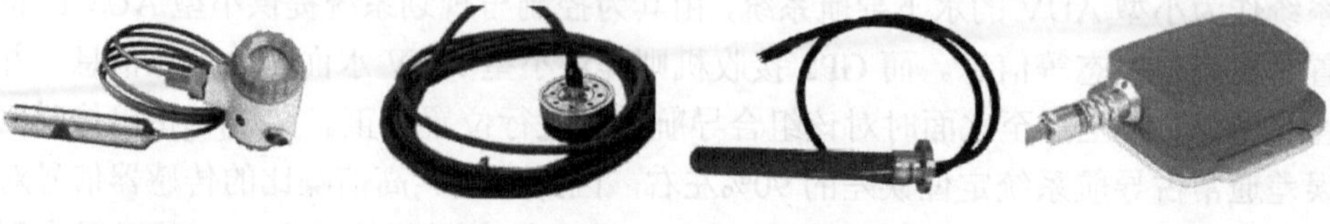

(a) 深度计　(b) DVL　(c) GPS接收机　(d) AHRS

图 3.2　小型 AUV 配备的水下导航设备

图 3.3 为小型 AUV 组合导航系统结构图。如图 3.3 所示，小型 AUV 组合导航系统采用中心化结构形式。整个系统由水面位置修正与磁偏角校正算法和水下推位导航算法组合而成，两种算法间的切换由深度计控制。水面航行阶段将 GPS 输出的位置信息、DVL 输出的速度信息与 MAHRS 输出的航姿信息等相融合，实现导航系统的位置修正与磁偏角辨识，提高小型 AUV 再次下潜时的定位精度。水下航行阶段将磁偏角补偿信息、深度计信息、DVL 速度信息以及 MAHRS 航姿信息等通过组合导航系统滤波器融合后，得到更为准确、平滑的位置、速度以及航向信息。

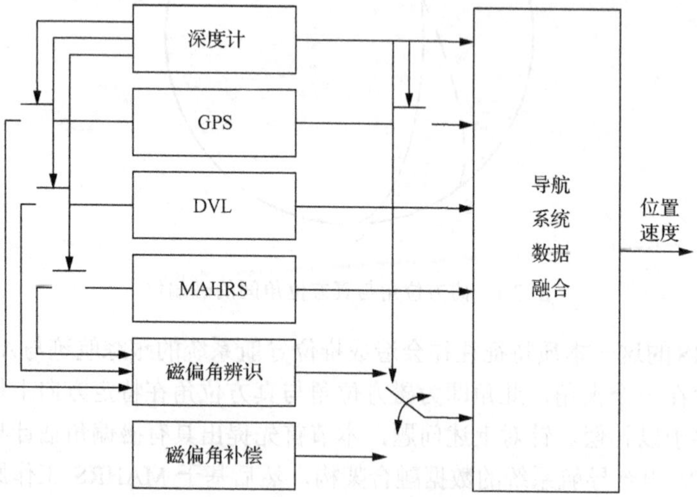

图 3.3　小型 AUV 组合导航系统结构图

3.2　MAHRS 的工作原理与磁偏角分析

自古以来，人类便掌握了应用地磁感应原理使用指南针确定方位的方法。至今基于线圈法、核磁共振法、磁通门法、磁阻法、霍尔效应法，科研人员已经研制出了各种不同类型的电子磁强计，应用于各个领域的磁场测量。MAHRS 就是将磁强计与加速度计相组合构成的直感式地磁导航系统，用以测量运载体的航姿信息，具有启动速度快、结构简单等特点。

3.2.1　MAHRS 工作原理

如图 3.4 所示，MAHRS 采用 MEMS 陀螺仪、MEMS 加速度计以及磁强计各三个作为其传感器，各种传感器均沿艇体系安装，实时提供艇体系下三维角速度信息、加速度信息以及场强信息。

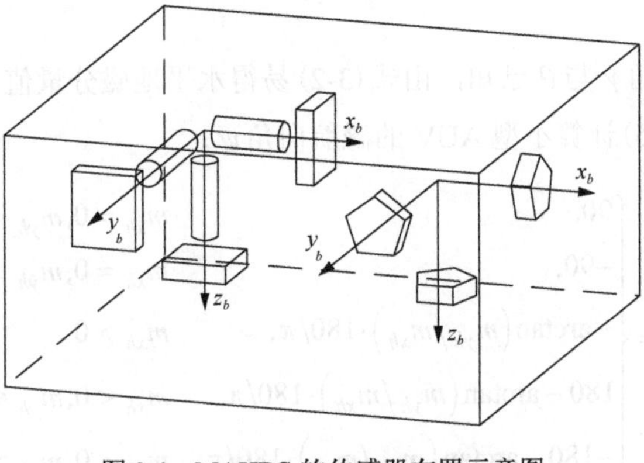

图 3.4　MAHRS 的传感器布置示意图

MAHRS 经典航姿算法是直接利用三个 MEMS 加速度计的输出信号，经计算得到横摇角 γ 与纵倾角 θ，再将磁强计测得的地磁场在艇体系 b 上的分量，经过误差校正并投影至当地水平面内，经数值计算得到航向信息。

根据欧拉角定义的符号，设水平坐标系为 h，有

$$C_h^b = \begin{bmatrix} \cos\theta & 0 & -\sin\theta \\ \sin\theta\sin\gamma & \cos\gamma & \cos\theta\sin\gamma \\ \sin\theta\cos\gamma & -\sin\gamma & \cos\theta\cos\gamma \end{bmatrix} \tag{3-1}$$

设艇体系 b 下的地磁场矢量为 $M_b = \begin{bmatrix} m_{xb} & m_{yb} & m_{zb} \end{bmatrix}^{\mathrm{T}}$，其在水平坐标系 h 下的投影为 $M_h = \begin{bmatrix} m_{xh} & m_{yh} & m_{zh} \end{bmatrix}^{\mathrm{T}}$，选取水平坐标系下水平轴 x_h 与 y_h 上的地磁分

量有

$$\begin{bmatrix} m_{xh} \\ m_{yh} \end{bmatrix} = \begin{bmatrix} \cos\theta & \sin\theta\sin\gamma & \sin\theta\cos\gamma \\ 0 & \cos\gamma & -\sin\gamma \end{bmatrix} \begin{bmatrix} m_{xb} \\ m_{yb} \\ m_{zb} \end{bmatrix} \tag{3-2}$$

当小型 AUV 静止或匀速航行时，不考虑哥氏加速度，则仅有重力加速度 g 作用于小型 AUV 上，设此时 MEMS 加速度计输出分别为 a_{xb}、a_{yb} 与 a_{zb}，可得

$$\sqrt{a_{xb}^2 + a_{yb}^2 + a_{zb}^2} = g \tag{3-3}$$

则有

$$\begin{cases} \theta = \arcsin(-a_{xb} / g) \\ \gamma = \arcsin[a_{yb} / (g\cos\theta)] \end{cases} \tag{3-4}$$

若水平姿态角 γ 与 θ 已知，由式(3-2)易得水平地磁分量值 $\begin{bmatrix} m_{xb} & m_{yb} \end{bmatrix}^{\mathrm{T}}$，从而可以根据式(3-5)计算小型 AUV 的磁航向角 ψ：

$$\psi = \begin{cases} 90, & m_{xh} = 0, m_{yh} < 0 \\ -90, & m_{xh} = 0, m_{yh} > 0 \\ -\arctan\left(m_{yh}/m_{xh}\right)\cdot 180/\pi, & m_{xh} > 0 \\ 180 - \arctan\left(m_{yh}/m_{xh}\right)\cdot 180/\pi, & m_{xh} < 0, m_{yh} \leqslant 0 \\ -180 - \arctan\left(m_{yh}/m_{xh}\right)\cdot 180/\pi, & m_{xh} < 0, m_{yh} > 0 \end{cases} \tag{3-5}$$

3.2.2 磁偏角分析

1. 地磁要素

在地磁研究中，地磁场总强度以矢量 B 表示，并在 NED 导航坐标系 $o_n - x_n y_n z_n$ 中描述这一矢量。B_H 为 B 在水平面内的投影，称为地磁水平强度或水平分量。定义 B_N 为 B_H 在 $o_n x_n$ 轴上的投影，称为北向强度或北向分量；B_E 为 B_H 在 $o_n y_n$ 轴上的投影，称为东向强度或东向分量；B_D 为 B 在 $o_n z_n$ 轴上的投影，称为垂直强度或垂直分量。则磁偏角 δ 即为 B_H 偏离 $o_n x_n$ 轴(偏离地理北)的角度。而设 ϑ 为 B 与水平面的夹角，即磁倾角。定义 B_H 偏东为正，B 向下为正。各地磁要素之间的关系如图 3.5 所示。

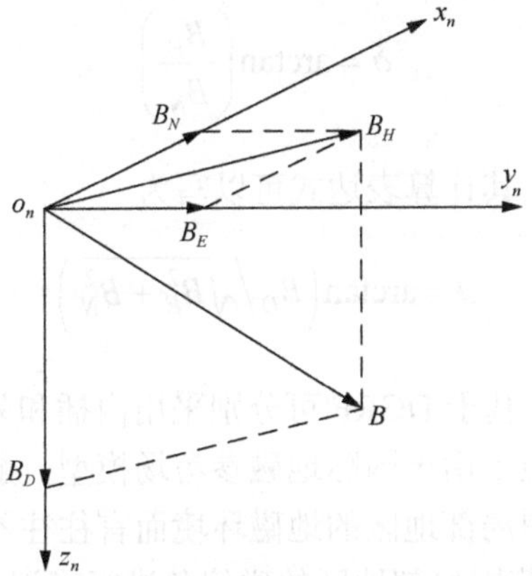

图 3.5　各地磁要素的关系

2. 地磁模型及磁偏角的计算

国际地磁参考场(IGRF)是描述地球主磁场的标准全球模型，在 IGRF 模型中，主磁场的标量磁位可用球谐函数表达[2]：

$$V(r,\lambda,\varphi)=a\sum_{n=0}^{k}\sum_{m=0}^{k}\left(\frac{a}{r}\right)^{n+1}\left(g_k^m\cos(m\varphi)+h_k^m\sin(m\varphi)\right)\mathrm{P}_k^m(\lambda) \tag{3-6}$$

其中，a 为地球半径；r 为 AUV 所在位置的地球径向距离；g_k^m、h_k^m 为地磁场球谐系数(或高斯系数)；$\mathrm{P}_k^m(\lambda)$ 为伴随勒让德函数；λ、φ 分别为经度和余纬；k 为模型的截断水平。相应的地磁分量[3-5] B_N、B_E 和 B_D 分别为

$$\begin{cases}B_N=\sum_{n=0}^{k}\sum_{m=0}^{k}\left(\frac{a}{r}\right)^{n+1}\left(g_k^m\cos(m\varphi)+h_k^m\sin(m\varphi)\right)\mathrm{dP}_k^m(\cos\lambda)/\mathrm{d}\lambda\\ B_E=\sum_{n=0}^{k}\sum_{m=0}^{k}\frac{m}{\sin\theta}\left(\frac{a}{r}\right)^{n+1}\left(g_k^m\cos(m\varphi)+h_k^m\sin(m\varphi)\right)\mathrm{P}_k^m(\cos\lambda)\\ B_D=-\sum_{n=0}^{k}\sum_{m=0}^{k}(n+1)\left(\frac{a}{r}\right)^{n+1}\left(g_k^m\cos(m\varphi)+h_k^m\sin(m\varphi)\right)\mathrm{P}_k^m(\cos\lambda)\end{cases} \tag{3-7}$$

国际地磁学与高空科学协会(International Association of Geomagnetism and Aeronomy，IAGA)有一专门小组进行以 5 年为间隔的国际地磁参考场研究，目前已有 8 代 IGRF 模型。对于确定了的地磁场模型称为 DGRF(definite geomagnetic reference field)，地磁高斯系数今后不再修改。在地磁各要素计算中，可采用相应时间对应的 DGRF 模型。根据磁偏角的定义，其表达式可以写为[6]

$$\delta = \arctan\left(\frac{B_E}{B_N}\right) \tag{3-8}$$

根据磁倾角的定义，其计算表达式可以写为

$$\vartheta = \arctan\left(B_D \Big/ \sqrt{B_E^2 + B_N^2}\right) \tag{3-9}$$

在计算地磁分量时，基于 DGRF 可分别采用内插和外推的方法求解相应时间对应的地磁高斯系数。但是由于国际地磁参考场模型一般仅适用于全球大范围的磁偏角计算，对于小范围局部地区的地磁环境而言往往不够准确，因此本章考虑基于 GPS 定位信息对小范围局部地区的磁偏角进行辨识。下面首先给出磁偏角辨识的基本数据融合算法框架。

3.3 UKF 数据融合算法

从数学的角度上讲，逼近非线性函数的状态分布比逼近非线性函数本身更容易，因此 UKF 算法基于采样的方法逼近非线性系统的状态分布，从而解决非线性系统的滤波问题。UKF 算法以无味变换(UT)为基础，即根据非线性系统的先验状态分布，采用相应的采样策略，在特定位置抽取少量的采样点(Sigma 点)表征非线性系统的先验状态统计量，而后将非线性映射作用于各样本点，之后对变换后的样本点集合进行加权平均，得到变换后的均值和协方差，最后基于 Kalman 滤波算法框架得到递推的滤波输出结果。

3.3.1 无味变换

实践表明，对如式(3-10)和式(3-11)所示的非线性函数的概率密度进行近似往往比对非线性方程本身进行近似容易得多：

$$X_k = f\left(X_{k-1}\right) + W_{k-1} \tag{3-10}$$

$$Z_k = h\left(X_k\right) + V_k \tag{3-11}$$

其中，W_{k-1}和V_k是均值为零、相互独立的白噪声，满足

$$\operatorname{cov}\left(W_k\right) = Q \tag{3-12}$$

$$\operatorname{cov}\left(V_k\right) = R \tag{3-13}$$

由于上述原因，UT 基于先验信息，在确保矢量均值 $\bar{X}$ 和协方差矩阵 P_{XX} 不变的前提下，选择一组 Sigma 点集。然后每个 Sigma 点通过非线性系统的传播，得到非线性函数作用后的一组点集，并用 $\bar{Y}$ 和 P_{YY} 表示变换后的 Sigma 点集的矢量均值和协方差矩阵。图 3.6 解释了 UT 的基本原理。

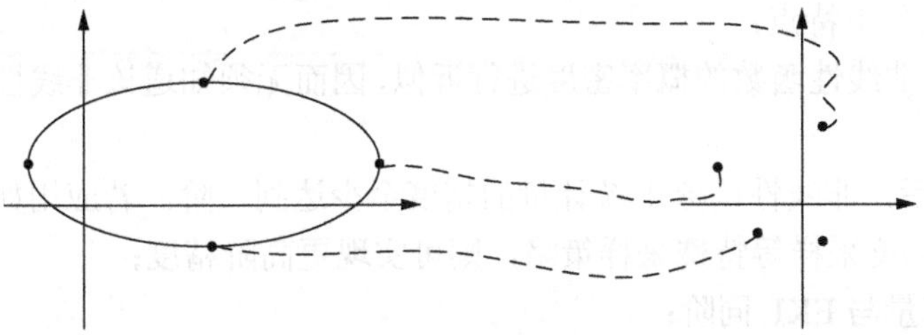

图 3.6　UT 原理图

不失一般性，UT 的算法框架和计算步骤如下所示：

(1) 根据状态矢量 X 的统计特性 $\bar{X}$ 和 P_{XX}，选择某 Sigma 点采样策略，得到一组与状态矢量 X 对应的 Sigma 点集 $\{\chi_i\}\ (i=1,2,\cdots,L)$，并计算相应的权值 ω_i^m 和 ω_i^c。这里 L 为与采样策略相适应的 Sigma 点采样个数，ω_i^m 为均值计算权值，ω_i^c 为协方差计算权值。

(2) 将非线性变换函数 $f(\cdot)$ 作用于状态矢量 X 的 Sigma 点集 $\{\chi_i\}$ 中的全部 Sigma 点，得到非线性变换后的 Sigma 点集 $\{y_i\}$，即

$$y_i = f(\chi_i),\quad i=1,2,\cdots,L \tag{3-14}$$

(3) 计算非线性变换后的 Sigma 点集 $\{y_i\}$ 的加权值，得到非线性函数 Y 的统计量 $\bar{Y}$ 和 P_{YY}，具体权值依据相应的采样策略计算，即

$$\bar{Y} = \sum_{i=1}^{L} \omega_i^m y_i \tag{3-15}$$

$$P_{YY} = \sum_{i=1}^{L} \omega_i^c \left(y_i - \bar{Y}\right)\left(y_i - \bar{Y}\right)^{\mathrm{T}} \tag{3-16}$$

Julier 等通过对 UT 精度的具体证明，得到统计量 $\bar{Y}$ 和 P_{YY} 的近似如式(3-17)和式(3-18)所示：

$$\bar{Y} = f\left(\bar{X}\right) + E\left(f^{(2)}\mathrm{e}^2\right) \tag{3-17}$$

$$P_{YY} = f^{(1)} P_{XX} \left(f^{(1)} \right)^{\mathrm{T}} \tag{3-18}$$

较 EKF 而言，若系统噪声的均值为零，理论上 UKF 的均值精度高一阶，而方差则与 EKF 同阶。

UT 具有如下特点：

(1) 仅对非线性函数的概率密度进行近似，因而无须知道该非线性方程的显式表达式；

(2) UT 后，非线性函数 Y 统计量的精度至少达到二阶，若应用如 Gauss 分布四阶采样、偏度采样等特殊采样策略，则可实现更高阶精度；

(3) 计算量与 EKF 同阶；

(4) 由于无须计算 Jacobian 矩阵，因而能够应用于非可导的非线性函数。

UT 的最核心就是 Sigma 点采样策略的设计和选择，不同的 Sigma 点采样策略对应的 Sigma 个数、位置以及权值是不同的。Sigma 点采样策略应该保证 Sigma 点能够反映状态变量 X 的最重要的统计特性。设 X 的概率密度函数为 $p_X(X)$，可以遵循如式(3-19)所示的条件函数来保证 Sigma 点抓住状态变量的必要特征：

$$g\left[\{\chi_i\}, p_X(X)\right] = 0 \tag{3-19}$$

在满足上述条件的前提下，Sigma 点采样策略仍然能够具有一定的自由度。因此，可以通过代价函数 $c\left[\{\chi_i\}, p_X(X)\right]$ 进一步对 Sigma 点采样策略进行优化。引入代价函数的目的是扩展 Sigma 点的统计特征，但所设计的采样策略并不一定完全满足这些特征，而且代价函数值越大，相应采样策略的精度越低。可见将条件函数 $g\left[\{\chi_i\}, p_X(X)\right]$ 和代价函数 $c\left[\{\chi_i\}, p_X(X)\right]$ 相结合，便得到选择 Sigma 点采样策略的一般依据，即当 $g\left[\{\chi_i\}, p_X(X)\right] = 0$ 时，$c\left[\{\chi_i\}, p_X(X)\right]$ 的值最小。

目前可供选择的 Sigma 点采样策略包括单形采样、对称采样、Gauss 分布四阶矩对称采样和三阶矩偏度采样等。之后提出的比例修正算法框架针对上述基本采样策略进行修正，从而从理论上保证了 UT 后状态矢量 Y 的统计量 P_{YY} 是半正定的。目前对称采样及其比例修正算法依然是工程应用中普遍采用的 Sigma 点采样策略。

3.3.2 经典 UKF 算法

考虑如式(3-10)和式(3-11)所示的非线性模型的经典非线性系统 UKF 算法如下所示：

(1) Sigma 点采样。采取某种采样策略得到 k 时刻状态 X_k 估计的 Sigma 点集 $\{\chi_i\}\ (i = 1, 2, \cdots, L)$。

(2) 预测方程。Sigma 点集$\{\chi_i\}$经过非线性状态函数$f(\cdot)$传播后，得到$\chi_{i,k|k-1}$，由$\chi_{i,k|k-1}$计算可得状态向量X_k，一步预测估计$\hat{X}_{k|k-1}$和一步误差协方差阵预测估计$P_{k|k-1}$：

$$\chi_{i,k|k-1} = f(\chi_{i,k-1}) \tag{3-20}$$

$$\hat{X}_{k|k-1} = \sum_{i=1}^{L} \omega_i^m \chi_{i,k|k-1} \tag{3-21}$$

$$P_{k|k-1} = \sum_{i=1}^{L} \omega_i^c \left(\chi_{i,k|k-1} - \hat{X}_{k|k-1}\right)\left(\chi_{i,k|k-1} - \hat{X}_{k|k-1}\right)^{\mathrm{T}} + Q \tag{3-22}$$

其中，ω_i^m（$i=1,2,\cdots,L$）为求一阶统计特性时的权系数；ω_i^c（$i=1,2,\cdots,L$）为求二阶统计特性时的权系数。

$\chi_{i,k|k-1}$通过非线性量测方程传播为$Z_{i,k|k-1}$，由$Z_{i,k|k-1}$可得观测向量Z_k的预测值$\hat{Z}_{k|k-1}$及观测向量误差$\tilde{Z}_{k|k-1}$的协方差阵$P_{\tilde{Z}\tilde{Z}}$的一步预测值，以及其与状态变量预测误差$\tilde{X}_{k|k-1}$的协方差阵$P_{\tilde{X}\tilde{Z}}$的一步预测值：

$$Z_{i,k|k-1}=h\left(\chi_{i,k|k-1}\right) \tag{3-23}$$

$$\hat{Z}_{k|k-1} = \sum_{i=1}^{L} \omega_i^m Z_{i,k|k-1} \tag{3-24}$$

$$P_{\tilde{Z}\tilde{Z}} = \sum_{i=1}^{L} \omega_i^c \left(Z_{i,k|k-1} - \hat{Z}_{k|k-1}\right)\left(Z_{i,k|k-1} - \hat{Z}_{k|k-1}\right)^{\mathrm{T}} + R \tag{3-25}$$

$$P_{\tilde{X}\tilde{Z}} = \sum_{i=1}^{L} \omega_i^c \left(\chi_{i,k|k-1} - \hat{X}_{k|k-1}\right)\left(Z_{i,k|k-1} - \hat{Z}_{k|k-1}\right)^{\mathrm{T}} \tag{3-26}$$

(3) 获得新的量测值Z_k，进行滤波更新：

$$\varepsilon_k = Z_k - \hat{Z}_{k|k-1} \tag{3-27}$$

$$\hat{X}_k = \hat{X}_{k|k-1} + K_k \varepsilon_k \tag{3-28}$$

$$K_k = P_{\tilde{X}\tilde{Z}} P_{\tilde{Z}\tilde{Z}}^{-1} \tag{3-29}$$

$$P_k = P_{k|k-1} - K_k P_{\tilde{Z}\tilde{Z}} K_k^{\mathrm{T}} \tag{3-30}$$

3.4 基于 Kalman 滤波算法的磁偏角辨识模型

虽可通过 DGRF 计算地磁分量的方法，采用内插和外推求解相应时间的磁偏角。但是国际地磁参考场模型仅是对大尺度范围内的地磁场进行建模，而没有考虑小范围局部地区地磁场环境的复杂性与特殊性，因此本节提出基于 GPS 定位信息的磁偏角辨识策略。

假设推位导航系统航向角实测值为ψ，又设磁偏角为定值δ，则航向角真实值为$\psi+\delta$。从而根据式(3-1)航向角真实值对应的矩阵为

$$C_1^n=\begin{bmatrix}\cos(\psi+\delta) & -\sin(\psi+\delta) & 0\\ \sin(\psi+\delta) & \cos(\psi+\delta) & 0\\ 0 & 0 & 1\end{bmatrix} \tag{3-31}$$

而 MAHRS 输出的航向角实测值ψ对应的矩阵为

$$C_1^{n'}=\begin{bmatrix}\cos\psi & -\sin\psi & 0\\ \sin\psi & \cos\psi & 0\\ 0 & 0 & 1\end{bmatrix} \tag{3-32}$$

其中，n'是以地磁北为北向的导航坐标系。则磁偏角对应的矩阵为

$$C_{n'}^n=\begin{bmatrix}\cos\delta & -\sin\delta & 0\\ \sin\delta & \cos\delta & 0\\ 0 & 0 & 1\end{bmatrix} \tag{3-33}$$

则只考虑航向角误差的推位导航系统模型为

$$\begin{aligned}&\Delta\dot{p}=\left(C_{n'}^n-I_3\right)C_b^{n'}v_b\\ &\dot{v}_b=0\\ &\dot{\delta}=0\end{aligned} \tag{3-34}$$

选取$\Delta p=p_{\mathrm{DR}}-p_{\mathrm{GPS}}$，并与$v_b$作为观测矢量$Z_k$，则观测方程为

$$Z_k=HX_k+V_k \tag{3-35}$$

其中，V_k为均值为零、方差矩阵为R的白噪声。

$$H=\begin{bmatrix}1&0&0&0&0&0&0\\0&1&0&0&0&0&0\\0&0&1&0&0&0&0\\0&0&0&1&0&0&0\\0&0&0&0&1&0&0\\0&0&0&0&0&1&0\end{bmatrix} \tag{3-36}$$

3.5　基于模糊逻辑的自适应 UKF 推位导航算法

由式(3-8)可见，磁偏角δ呈现非线性，因此本节将利用磁偏角辨识信息，基于 T-S 模糊模型构建模糊规则，实现基于模糊逻辑的自适应 UKF 推位导航算法。

T-S 模糊模型是一种本质非线性的模型，其后件是线性函数表达式，由一组“if-then”模糊规则来描述，每一个规则代表一个线性子函数。

本书选取 MAHRS 输出的航向信息与磁偏角信息作为模糊逻辑系统的输入，并采用一阶 T-S 模糊模型作为模糊规则实时计算磁偏角，先举一算例说明。

算例：设磁偏角辨识过程中 MAHRS 输出的航向角分别为–45°、0°、45°和 90°，如图 3.7 所示，图中 N′、S′、E′和 W′均为以磁北 N′为参考的磁方向，对应的磁偏角分别为δ_1、δ_2、δ_4、δ_5。

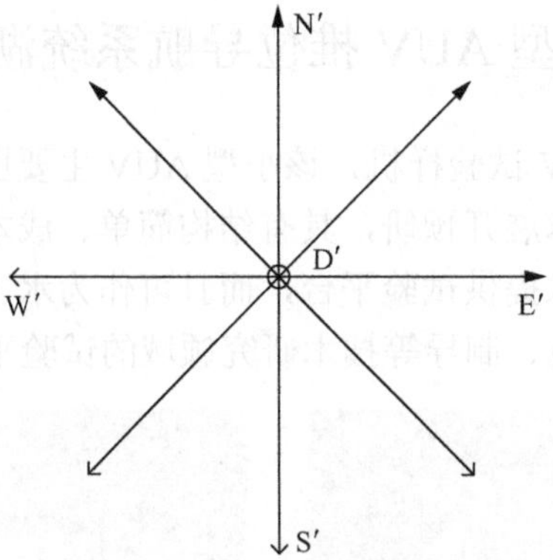

图 3.7　磁偏角辨识过程示意图

选取梯形函数作为隶属函数，并由磁偏角辨识过程中 MAHRS 输出的–45°、0°、45°和 90°以及 135°、±180°、–135°和–90°划分模糊子集为$\{H_1,H_2,H_3,H_4,H_5,H_6,H_7,H_8\}$，则磁偏角模糊函数的“输入-隶属度”曲线如图 3.8 所示。

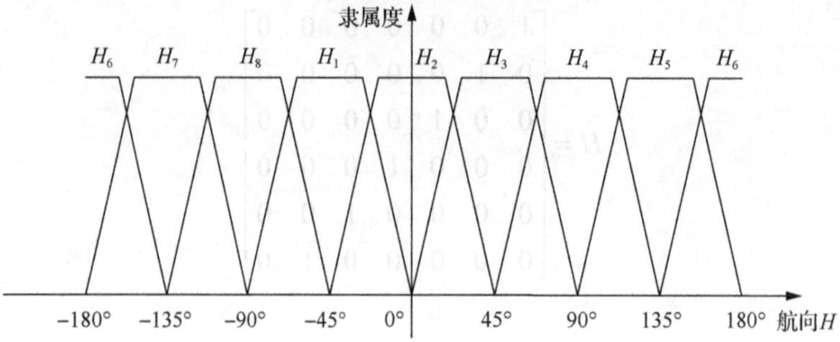

图 3.8　隶属度函数

而一阶 T-S 模糊规则如下：

if $H \in H_1$，then $\delta \in \delta_1$；

if $H \in H_2$，then $\delta \in \delta_2$；

if $H \in H_3$，then $\delta \in \delta_3$；

if $H \in H_4$，then $\delta \in \delta_4$；

if $H \in H_5$，then $\delta \in \delta_1$；

if $H \in H_6$，then $\delta \in \delta_2$；

if $H \in H_7$，then $\delta \in \delta_3$；

if $H \in H_8$，then $\delta \in \delta_4$。

3.6　小型 AUV 推位导航系统湖上试验

图 3.9 为某小型 AUV 试验样机，该小型 AUV 主要围绕水下机器人的小型化以及批量化生产设计技术展开预研，具有结构简单、成本低廉等特点，不但能为水下机器人集群编队技术提供试验平台，而且可作为水下机器人路径规划、运动控制、目标识别以及导航、制导等技术研究领域的试验平台。

图 3.9　小型 AUV 试验样机

嵌入式导航计算机是小型 AUV 水下组合导航系统的核心部件，其主要功能包括数据采集、器件级滤波、信息融合以及导航信息输出。嵌入式导航计算机基于 PC104 总线以堆叠扩充的方式通过扩展卡自由选择所需的外部功能。

导航计算机的硬件结构如图 3.10 所示，其中包括一块 PC104 主机板、一块 PC104 串口扩展卡、一块 PC104 数据采集卡。串口扩展卡负责采集耐压 GPS 接收机、AHRS 以及 DVL 输出的数字信息，数据采集卡负责采集深度计输出的模拟信号并将其转化为数字信息。

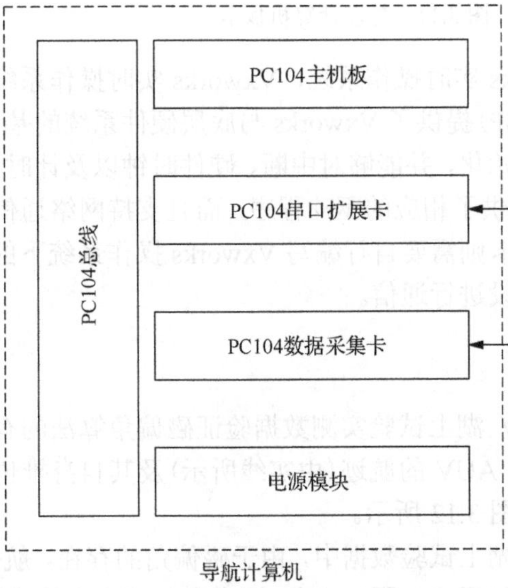

图 3.10 导航计算机硬件结构图

如图 3.11(a)所示，PC104 主机板的工作主频为 500MHz，功耗为 5W。该板卡支持 PC104 以及 PC104+总线，支持看门狗功能，CPU 选用 AMD 处理器，表贴 256MB DDR 内存，接口丰富，包括 1 个 Intel 10M/100M 以太网接口，E-IDE 及 CF 卡等接口。图 3.11(b)、(c)为导航计算机采用的 PC104 串口扩展卡和 PC104 数据采集卡。其中 PC104 串口扩展卡为 4 通道串口板，支持 PC104 以及 PC104+总线，集成 16554 异步串行通信接口两个，具有 32 字节数据缓冲区，最高传输波特率可达 115.2kbit/s，并且允许中断共享。PC104 数据采集卡的模拟输入电压范围为−10～10V，用于获取小型 AUV 的深度信息以及漏水监控、电池电压监控等模拟信息，由于只对数据采集卡的端口进行直接读写操作，因此无须对其编写相应的驱动程序。导航计算机各个板卡之间采用 PC104 总线进行通信，而与外部导航传感器之间采用 RS-232 串口通信协议，在初期调试阶段小型 AUV 水下平台基于 TCP 协议与水面监控系统实现数据传输。

(a) PC104主机板　　(b) PC104串口扩展卡　　(c) PC104数据采集卡

图 3.11　导航计算机板卡

导航计算机采用 Vxworks 实时操作系统，Vxworks 实时操作系统的板级支持包(board support package，BSP)提供了 Vxworks 与底层硬件系统的基本软件接口，支持导航计算机上电硬件初始化，并能够对中断、硬件时钟以及计时器进行管理。针对 Intel 网卡，BSP 不但提供了相应的驱动程序，而且支持网络通信所需的各种 Socket 接口。针对串口扩展卡则需要自行编写 Vxworks 操作系统下的驱动程序，实现系统函数的调用，与外设进行通信。

3.6.1　磁偏角辨识试验

本节采用两组小型 AUV 湖上试验实测数据验证磁偏角算法的有效性，第一组数据中，由 GPS 给出小型 AUV 的航迹(由实线所示)及其自身推位导航系统的定位结果(由虚线所示)，如图 3.12 所示。

由图 3.12 可见，第一组湖上试验数据中，由于磁偏角的存在，航位推算(DR)定位结果与GPS输出的定位结果成一固定夹角，这个夹角便为有待辨识的磁偏角。

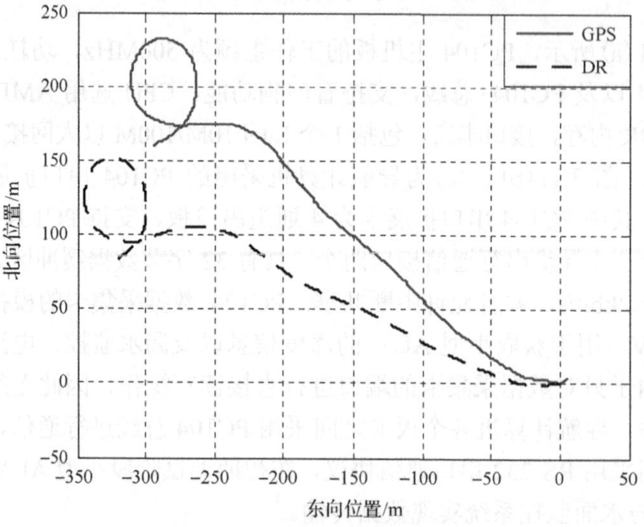

图 3.12　第一组数据的 AUV 航迹

磁偏角辨识结果如图 3.13 所示。

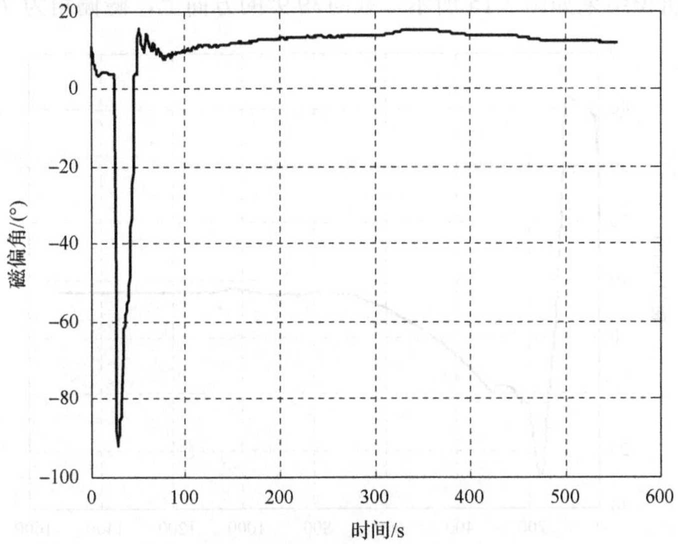

图 3.13　第一组数据的磁偏角辨识结果

由图 3.13 可见，磁偏角辨识结果收敛，在湖上测试区域 AUV 艏向为−163.1°的方向上，磁偏角为 11.7°。

第二组数据中 AUV 的 DR 定位结果和 GPS 输出的定位结果如图 3.14 所示。

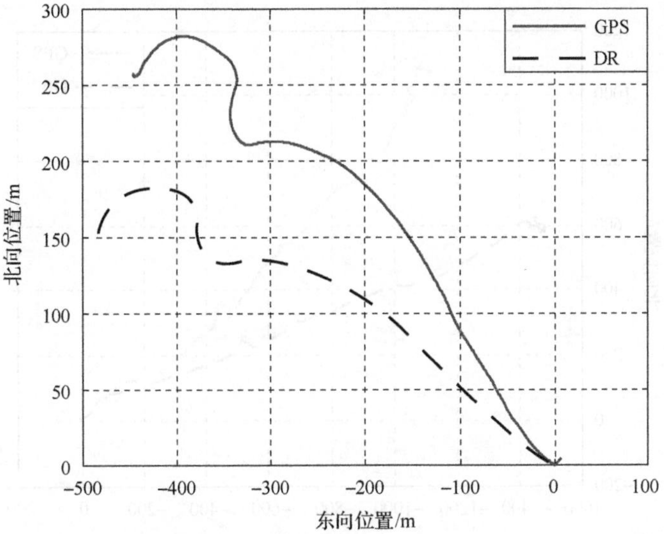

图 3.14　第二组数据的 AUV 航迹

磁偏角辨识结果如图 3.15 所示，在–139.9°的方向上，磁偏角为 7.9°。

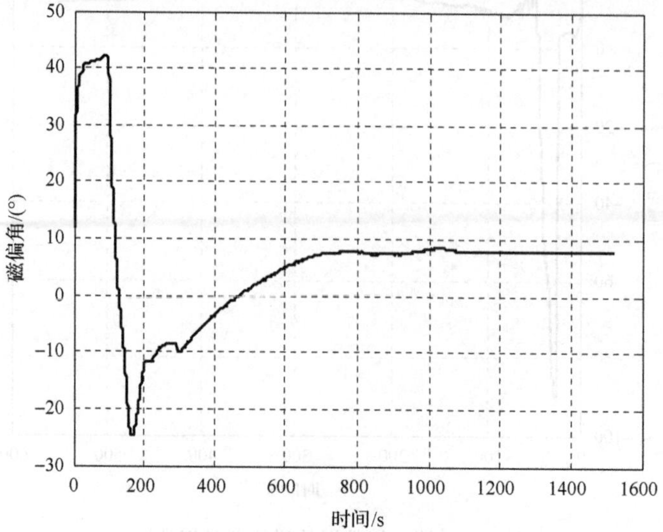

图 3.15　第二组数据的磁偏角辨识结果

3.6.2　自适应 UKF 推位导航试验

第三组数据中 AUV 的 DR 定位结果和 GPS 输出的定位结果如图 3.16 所示。

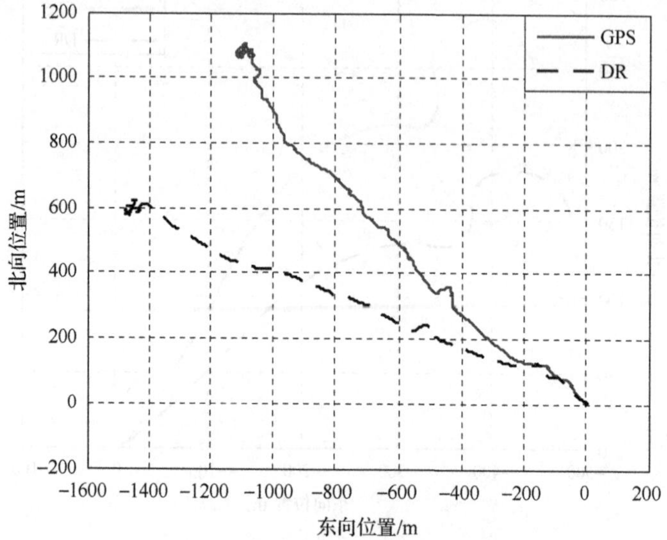

图 3.16　第三组数据的 AUV 航迹

根据前两组磁偏角辨识结果，在–163.1°与–139.9°之间的区域内应用磁偏角的模糊逻辑推理，若采用梯形隶属函数，则计算出–146.6°方向上的磁偏角为 18.4°，而如图 3.17 所示的磁偏角估计值为 21.7°。

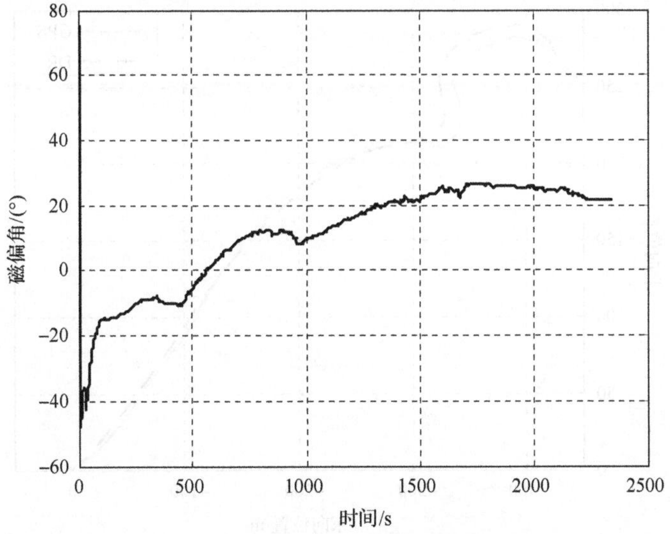

图 3.17　第三组数据的磁偏角辨识结果

按模糊逻辑推理得到的磁偏角 18.4°对第三组数据中 MAHRS 输出的航向角补偿后，DR 的定位结果如图 3.18 所示。

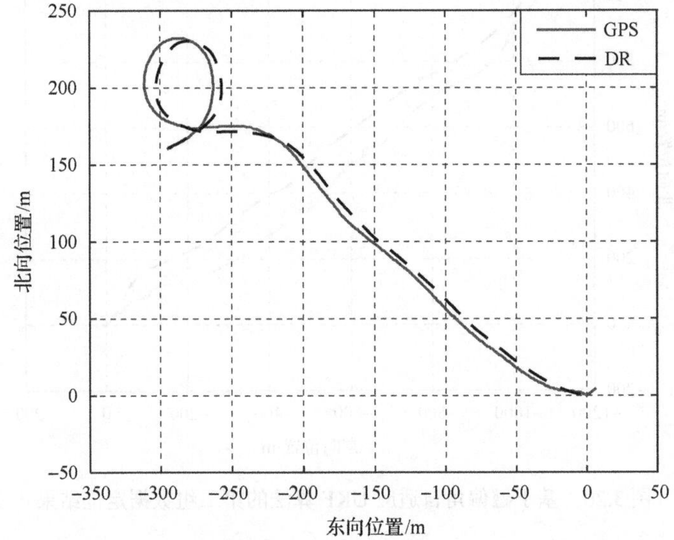

图 3.18　基于磁偏角自适应 UKF 算法的第三组数据定位结果

如图 3.18 所示，经磁偏角补偿后，DR 的定位精度得到了极大的提高，定位精度由航行距离的 23.56%提高到航行距离的 3.27%。其他两组数据经磁偏角补偿后的定位结果如图 3.19 和图 3.20 以及表 3.1 所示。

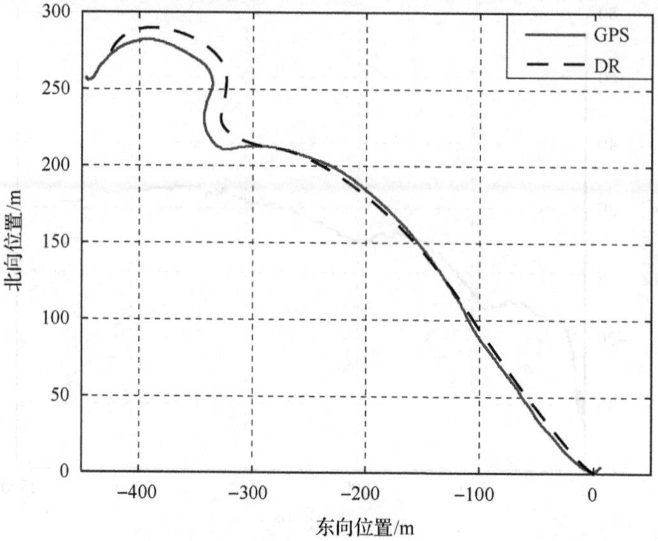

图 3.19　基于磁偏角自适应 UKF 算法的第一组数据定位结果

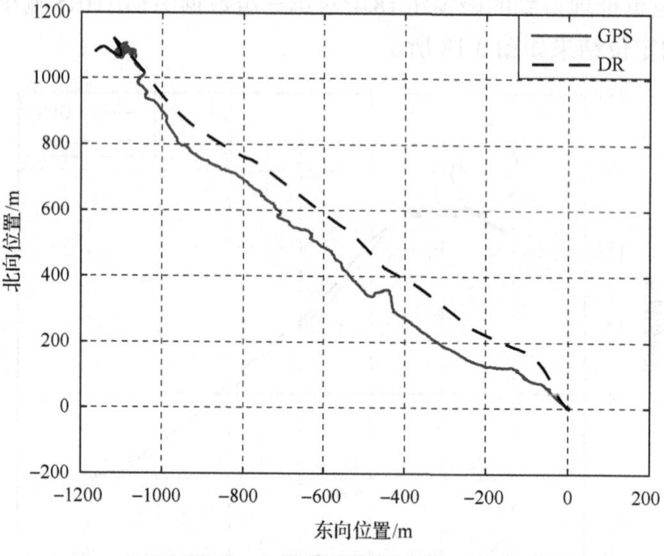

图 3.20　基于磁偏角自适应 UKF 算法的第二组数据定位结果

表 3.1　定位精度比较

组别	补偿后定位误差/%	补偿前定位误差/%
第一组	2.03	15.61
第二组	3.32	17.33
第三组	3.27	23.56

可见，经磁偏角补偿后，小型 AUV 推位导航系统的定位精度得到了较大的提高。

参考文献

[1] 陈北鸥, 孙文胜, 张桂宏, 等. 捷联组合(设备无定向)六位置测试标定[J]. 导航与航天运载技术, 2001, 3: 23-27.
[2] 徐文耀. 国际参考地磁场模型中高阶球谐项对地磁场长期变化的影响[J]. 地球物理学报, 2003, 46(6): 476-481.
[3] 高金田, 安振昌, 顾左文, 等. 地磁正常场的选取与地磁异常场的计算[J]. 地球物理学报, 2005, 48(1): 84-95.
[4] 顾左文, 安振昌, 高金田, 等. 京津冀地区地磁场球冠谐分析[J]. 地球物理学报, 2004, 47(6): 1003-1008.
[5] 安振昌. 中国地区地磁场的球冠谐和分析[J]. 地球物理学报, 1993, 36(6): 753-764.
[6] 张开明. 地磁场水平分量量测方法的探索[J]. 太原师范学院学报(自然科学版), 2007, 6(6): 88-91.

第4章　大潜深AUV惯导系统纯距离误差修正算法

深海远程AUV配备的惯导系统在AUV长时间下潜后的初始定位问题，长久以来备受学界关注[1-3]。由于在下潜过程中，惯导系统无法获得卫星导航定位信息以及DVL测速信息的及时修正，深海远程AUV水下导航系统将在纯惯导模式下工作，这导致AUV在下潜至指定深度后将产生数百米甚至上千米的定位误差。例如，AUTOSUB 6000配备的iXSEA Oceano PHINS惯导系统，在纯惯导模式下的定位精度为0.3m/s[4]，则在纯惯导模式下AUV以2kn速度下潜至6000m深度后，惯导系统将产生至少1800m的定位误差，根本无法满足深海远程AUV面向高精度定位信息的任务需求。

目前，解决上述问题的常用方法包括长基线(LBL)水声定位和超短基线(USBL)水声定位。LBL水声定位系统能够在水声基阵的覆盖范围内为深海AUV提供持续的导航定位信息，并且能够使深海AUV不必安装昂贵的惯导设备就能实现高精度水下定位[5]。但是从LBL水声定位系统的构建和基元位置校准方面来看，都将消耗大量的船时和成本。文献[6]指出在1km^{2}的范围内，4800m深处布放、回收由5个基元构成的LBL水声阵列将消耗27h的船时。而对USBL水声定位系统而言，其深海导航定位的精确性和稳定性不仅依赖USBL水声定位系统自身的信噪比，而且依赖与之配合使用的姿态参考系统精度。因此，USBL水声定位整套系统不但价格昂贵，而且在使用之前需要进行高精度的初始对准。

纯距离导航定位是对外部观测量仅有距离信息的一类导航定位问题的统称[1]。文献[7]～[9]研究了基于海底单固定信标的AUV纯距离水下导航定位算法，然而此种导航定位方式仍然存在着信标布放与回收的成本问题。本章基于纯距离导航信息，针对深海远程AUV在深潜过程中的惯导系统误差校正问题，仅通过观测安装于母船上的声学发射器和安装于AUV上的声学应答器之间的测距信息，便可实现对AUV水下惯导系统的误差修正。基于纯距离观测信息的惯导系统误差校正方案的特点在于母船与AUV均可处于运动状态，而且减少了声学信标的布放与回收成本。文献[10]针对与之类似的问题开展了研究，实现了REMUS-100小型AUV的浅水域水下定位。然而文献[10]提出的纯距离导航算法依赖水声测距系统的声速误差、声折射误差以及深度误差等先验系统误差信息，尤其受测距几何构型制约，因此定位精度有限[11]。文献[12]提出了基于同步脉冲发射的水声定位系统，利用水面母船发射定时信息与母船位置信息，定位机制与 GPS 十分相似，可用于多个 AUV 的水下定位。文献[11]基于非线性最小均方算法显式地解算如式(4-1)所示的非线性误差方程中的误差参数 $\{x_{\text{err}}, y_{\text{err}}, z_{\text{err}}, K\}$，修正 AUTOSUB 6000 搭载的惯导系统位置误差 x_{err}、y_{err}、z_{err} 和水声测距系统的比例因子误差 K：

$$\xi=\sum_{j=1}^{N}\left\{\left(x_j^{\text{SHIP}}-x_j^{\text{AUV}}+x_{\text{err}}\right)^2+\left(y_j^{\text{SHIP}}-y_j^{\text{AUV}}+y_{\text{err}}\right)^2+\left(z_j^{\text{SHIP}}-z_j^{\text{AUV}}+z_{\text{err}}\right)^2-\left((1+K)R_j\right)^2\right\}^2 \tag{4-1}$$

其中，$\left\{x_j^{\text{SHIP}}, y_j^{\text{SHIP}}, z_j^{\text{SHIP}}\right\}$ 为与 N 个水声测距信息 $\{R_j\}$ 相对应的水面母船位置信息；$\left\{x_j^{\text{AUV}}, y_j^{\text{AUV}}, z_j^{\text{AUV}}\right\}$ 为与之对应的 AUV 位置信息。

文献[11]指出，实际应用中，在水平位置误差 x_{err}、y_{err} 远远小于 AUV 潜深的条件下，由于测距矢量的方向与垂直深度矢量的方向十分接近，因此很难同时获得 z_{err} 和 K 的稳定解，即此时在对如式(4-1)所示的毕达哥拉斯方程的最小值求解过程中将有野值频繁产生。因此文献[11]仅对惯导系统位置误差 x_{err}、y_{err}、z_{err} 进行求解。文献[11]通过理论分析和仿真结果表明，只有在 AUV 水平位置误差小于深度误差 30%的情况下，AUTOSUB 6000 采用的纯距离水下导航算法的定位误差才能小于 2m，且受水声信息传输速率的限制，每次解算过程不但需要消耗数十秒至上百秒的时间，实时性较差，而且每次解算均会有少量野值产生，需要对解算结果进行滤波处理。针对上述问题，本章基于平方根 UKF 算法实现基于纯距离观测信息的惯导系统误差修正，仿真实验表明，该算法不但能够准确地跟踪惯导系统的位置误差，摆脱对水平位置误差大小的限制，而且能够对惯导系统的速度误差进行辨识，从而能够实现对惯导系统的位置误差和速度误差的全面补偿。

4.1　纯距离惯导系统误差修正算法模型

深海远程 AUV 搭载的捷联惯导系统采用 *NED* 导航坐标系 $o_n - x_n y_n z_n$。

4.1.1　系统模型

设短时间内惯导系统的位置误差 $[\Delta x_N\ \Delta x_E\ \Delta x_D]^{\text{T}}$ 和速度误差 $[\Delta v_N\ \Delta v_E\ \Delta v_D]^{\text{T}}$ 均为常值，即惯导系统误差方程为

$$\begin{bmatrix} \Delta\dot{x}_N \\ \Delta\dot{x}_E \\ \Delta\dot{x}_D \\ \Delta\dot{v}_N \\ \Delta\dot{v}_E \\ \Delta\dot{v}_D \end{bmatrix} = \begin{bmatrix} 0 & 0 & 0 & 1 & 0 & 0 \\ 0 & 0 & 0 & 0 & 1 & 0 \\ 0 & 0 & 0 & 0 & 0 & 1 \\ 0 & 0 & 0 & 0 & 0 & 0 \\ 0 & 0 & 0 & 0 & 0 & 0 \\ 0 & 0 & 0 & 0 & 0 & 0 \end{bmatrix} \begin{bmatrix} \Delta x_N \\ \Delta x_E \\ \Delta x_D \\ \Delta v_N \\ \Delta v_E \\ \Delta v_D \end{bmatrix} \tag{4-2}$$

设母船在 NED 坐标系下的动态坐标为 $\begin{bmatrix} x_N^{\text{SHIP}} & x_E^{\text{SHIP}} & x_D^{\text{SHIP}} \end{bmatrix}^{\text{T}}$，而惯导系统输出的 AUV 位置坐标为 $\begin{bmatrix} x_N^{\text{AUV}} & x_E^{\text{AUV}} & x_D^{\text{AUV}} \end{bmatrix}^{\text{T}}$，选取 USBL 水声定位系统提供的距离信息作为观测量，则相应的观测方程为

$$z = \sqrt{\left(x_N^{\text{SHIP}} - x_N^{\text{AUV}} - \Delta x_N\right)^2 + \left(x_E^{\text{SHIP}} - x_E^{\text{AUV}} - \Delta x_E\right)^2 + \left(x_D^{\text{SHIP}} - x_D^{\text{AUV}} - \Delta x_D\right)^2} \tag{4-3}$$

4.1.2 滤波模型能观性分析

滤波模型能观性分析是指，在有限长时间范围内，已知状态观测向量 Z_k 是时间遍历的，则在何种条件下能够唯一地确定在同一时间跨度内的状态向量 X_k 的时间遍历，即分析由状态方程和观测方程构成的联立微分方程组存在唯一解的充分必要条件[12,13]。采用 Kalman 滤波算法对惯导系统误差辨识前，必须考虑滤波模型的可观测性，它是实现误差辨识的前提条件，在此基础上才能进一步研究高性能的滤波算法。对于非线性滤波系统，现有的滤波模型能观性分析方法主要分为如下三类：一是将非线性滤波模型线性化后，计算系统的能观性矩阵，然后基于线性系统的能观性分析方法，分析系统的能观性；二是从非线性滤波模型本身出发，根据滤波模型的能观性秩判据判断非线性系统的局部弱能观性；三是基于仿真实验结果，直接判断非线性滤波模型的能观性。

不失一般性，考虑以下时间连续非线性系统：

$$\varSigma: \begin{cases} \dot{X} = f_0(X) + f_1(X)u_1 + \cdots + f_l(X)u_l \\ Z = h(X) \end{cases} \tag{4-4}$$

其中，状态向量 $X \in \mathbf{R}^n$；观测向量 $Z \in \mathbf{R}^m$；而非线性状态方程 f 和观测方程 h 均为 C^∞ 光滑解析函数。显然，$\varSigma$ 是非线性系统，若基于线性时不变系统的能观性理论判别其观测性，很可能会产生错误的判定结果[14]，因此本章基于 Lie 导数非线性观测秩判据判定非线性滤波模型的能观性，即若如式(4-4)所示的非线性系统

Σ 的能观性矩阵 O 满秩，即 rank$(O)=n$，则称非线性系统 Σ 局部弱能观。上述判据中的“局部弱能观性”只是从纯数学的角度强调了状态向量的局部可区分性，而在实际应用中，由于状态向量往往具备局部区域约束条件，因此没有必要在非线性滤波模型的能观性分析中强调“局部弱能观”，即若 rank$(O)=n$，则称非线性系统 Σ 是能观的。由流形拓扑学相关原理，系统 Σ 中观测方程的零阶 Lie 导数为

$$L^0 h(X)=h(X) \tag{4-5}$$

观测方程 $h(X)$ 关于 f_i 的 $n(n \geqslant 1)$ 阶 Lie 导数为

$$L_{f_i}^n h(X)=\nabla L_{f_i}^{n-1} h(X) \cdot f_i(X) \tag{4-6}$$

观测方程关于 f_i 和 $f_j\ (i \neq j)$ 的 $d(d \geqslant 1)$ 阶混合 Lie 导数为

$$L_{f_i f_j}^d h(X)=\nabla L_{f_i}^{d-1} h(X) \cdot f_j(X) \tag{4-7}$$

则非线性系统能观性矩阵为

$$O=\left\{\nabla L_{f_i \cdots f_j}^l h(X) \middle| i,j=0,\cdots,k; l=1,\cdots,m\right\} \tag{4-8}$$

将式(4-2)改写为式(4-4)的形式，则有

$$f_0=\begin{bmatrix}\Delta v_N & \Delta v_E & \Delta v_D & 0 & 0 & 0\end{bmatrix}^{\mathrm{T}}$$

为了数学处理上的方便，不失一般性，设

$$z=\frac{1}{2}\left[\left(x_N^{\mathrm{SHIP}}-x_N^{\mathrm{AUV}}-\Delta x_N\right)^2+\left(x_E^{\mathrm{SHIP}}-x_E^{\mathrm{AUV}}-\Delta x_E\right)^2+\left(x_D^{\mathrm{SHIP}}-x_D^{\mathrm{AUV}}-\Delta x_D\right)^2\right] \tag{4-9}$$

本章基于能观性秩判据分析采用不同测量值组合的纯距离惯导系统误差修正滤波模型的能观性。

4.1.3　纯距离观测下滤波模型能观性分析

纯距离观测下 $h(X)=z$，其零阶 Lie 导数为

$$L^0 h(X)=\frac{1}{2}\left[\left(x_N^{\mathrm{SHIP}}-x_N^{\mathrm{AUV}}-\Delta x_N\right)^2+\left(x_E^{\mathrm{SHIP}}-x_E^{\mathrm{AUV}}-\Delta x_E\right)^2+\left(x_D^{\mathrm{SHIP}}-x_D^{\mathrm{AUV}}-\Delta x_D\right)^2\right] \tag{4-10}$$

$$\nabla L^0 h(X)=\left[H_1 \quad H_2 \quad H_3 \quad 0 \quad 0 \quad 0\right]^{\mathrm{T}} \tag{4-11}$$

其中

$$H_1 = x_N^{\mathrm{SHIP}} - x_N^{\mathrm{AUV}} - \Delta x_N \tag{4-12}$$

$$H_2 = x_E^{\mathrm{SHIP}} - x_E^{\mathrm{AUV}} - \Delta x_E \tag{4-13}$$

$$H_3 = x_D^{\mathrm{SHIP}} - x_D^{\mathrm{AUV}} - \Delta x_D \tag{4-14}$$

$h(X)$ 的一阶 Lie 导数为

$$L_{f_0}^1 h(X) = H_1 \Delta v_N + H_2 \Delta v_E + H_3 \Delta v_D \tag{4-15}$$

$$\nabla L_{f_0}^1 h(X)=\left[-\Delta v_N \quad -\Delta v_E \quad -\Delta v_D \quad H_1 \quad H_2 \quad H_3\right]^{\mathrm{T}} \tag{4-16}$$

$h(X)$ 的二阶 Lie 导数为

$$L_{f_0}^2 h(X) = -\Delta v_N^2 - \Delta v_E^2 - \Delta v_D^2 \tag{4-17}$$

$$\nabla L_{f_0}^2 h(X)=\left[0 \quad 0 \quad 0 \quad -2\Delta v_N \quad -2\Delta v_E \quad -2\Delta v_D\right]^{\mathrm{T}} \tag{4-18}$$

由式(4-8)建立系统能观性矩阵：

$$O_1 = \left[\nabla L^0 h(X) \quad \nabla L_{f_0}^1 h(X) \quad \nabla L_{f_0}^2 h(X)\right] \tag{4-19}$$

$\mathrm{rank}(O_1) = 3 < 6$，可见仅选取单次 USBL 观测距离作为观测量进行误差辨识时，滤波系统不能观。

4.1.4 深度测量值辅助的滤波模型能观性分析

当利用深度计输出的测量值辅助 USBL 距离信息进行误差辨识时 $h(X)=\left[z \quad \Delta x_D\right]^{\mathrm{T}}$，则 $h_2(X)=\Delta x_D$ 的各阶 Lie 导数分别为

$$L^0 h_2(X) = \Delta x_D \tag{4-20}$$

$$\nabla L^0 h_2(X)=\left[0 \quad 0 \quad 1 \quad 0 \quad 0 \quad 0\right]^{\mathrm{T}} \tag{4-21}$$

$$L_{f_0}^1 h_2(X) = \Delta v_D \tag{4-22}$$

$$\nabla L_{f_0}^1 h_2(X)=\begin{bmatrix}0 & 0 & 0 & 0 & 0 & 1\end{bmatrix}^{\mathrm{T}} \tag{4-23}$$

此时系统能观性矩阵为

$$O_2=\begin{bmatrix}O_1 & \nabla L^0 h_2(X) & \nabla L_{f_0}^1 h_2(X)\end{bmatrix} \tag{4-24}$$

$\operatorname{rank}(O_2)=5<6$，可见利用深度信息辅助距离信息进行误差辨识时滤波系统也是不能观的。总之，单次观测条件下无论有无深度测量值辅助，上述误差辨识滤波模型都是不能观的。

注：设 $x_l^{\mathrm{SHIP}}=\begin{bmatrix}x_{Nl}^{\mathrm{SHIP}} & x_{El}^{\mathrm{SHIP}} & x_{Dl}^{\mathrm{SHIP}}\end{bmatrix}^{\mathrm{T}}$、$x_l^{\mathrm{AUV}}=\begin{bmatrix}x_{Nl}^{\mathrm{AUV}} & x_{El}^{\mathrm{AUV}} & x_{Dl}^{\mathrm{AUV}}\end{bmatrix}^{\mathrm{T}}$ 为不同观测时刻母船和 AUV 的位置信息，若 $x_i^{\mathrm{SHIP}}-x_i^{\mathrm{AUV}}\neq x_j^{\mathrm{SHIP}}-x_j^{\mathrm{AUV}}$，则当连续观测次数 $l\geqslant 2$ 时，深度测量值辅助的纯距离误差辨识滤波模型

$$\begin{bmatrix}\Delta\dot{x}_N\\ \Delta\dot{x}_E\\ \Delta\dot{x}_D\\ \Delta\dot{v}_N\\ \Delta\dot{v}_E\\ \Delta\dot{v}_D\end{bmatrix}=\begin{bmatrix}0&0&0&1&0&0\\0&0&0&0&1&0\\0&0&0&0&0&1\\0&0&0&0&0&0\\0&0&0&0&0&0\\0&0&0&0&0&0\end{bmatrix}\begin{bmatrix}\Delta x_N\\ \Delta x_E\\ \Delta x_D\\ \Delta v_N\\ \Delta v_E\\ \Delta v_D\end{bmatrix} \tag{4-25}$$

$$h(X)=\begin{bmatrix}z & \Delta x_D\end{bmatrix}^{\mathrm{T}}$$

是能观的；相同条件下当连续观测次数 $l\geqslant 3$ 时，纯距离误差辨识滤波模型

$$\begin{bmatrix}\Delta\dot{x}_N\\ \Delta\dot{x}_E\\ \Delta\dot{x}_D\\ \Delta\dot{v}_N\\ \Delta\dot{v}_E\\ \Delta\dot{v}_D\end{bmatrix}=\begin{bmatrix}0&0&0&1&0&0\\0&0&0&0&1&0\\0&0&0&0&0&1\\0&0&0&0&0&0\\0&0&0&0&0&0\\0&0&0&0&0&0\end{bmatrix}\begin{bmatrix}\Delta x_N\\ \Delta x_E\\ \Delta x_D\\ \Delta v_N\\ \Delta v_E\\ \Delta v_D\end{bmatrix} \tag{4-26}$$

$$h(X)=z$$

是能观测的。

证明：如上所述，基于 Lie 导数非线性观测秩判据，在 i 时刻形如式(4-19)和式(4-24)所示的系统能观性矩阵分别为

$$O_1^i=\left[\nabla L^{0i}h(X)\quad \nabla L_{f_0}^{1i}h(X)\quad \nabla L_{f_0}^{2i}h(X)\right] \tag{4-27}$$

$$O_2^i=\left[O_1^i\quad \nabla L^{0i}h_2(X)\quad \nabla L_{f_0}^{1i}h_2(X)\right] \tag{4-28}$$

则连续获取 2 次观测信息后

$$\operatorname{rank}\left[O_2^i\quad O_2^{i+1}\right]=6 \tag{4-29}$$

此时如式(4-25)所示的误差辨识模型是能观的。

连续获取 3 次观测信息后

$$\operatorname{rank}\left[O_1^i\quad O_1^{i+1}\quad O_1^{i+2}\right]=6 \tag{4-30}$$

此时如式(4-26)所示的误差辨识模型是能观的。

4.2 纯距离误差修正算法框架

目前 EKF 算法和 UKF 算法是非线性系统通常采用的两种非线性滤波算法，显然，上述算法均是递推滤波过程，随着滤波步数的增加，舍入误差逐渐积累导致协方差矩阵 P_k 及其预测值 $P_{k,k-1}$ 失去非负定性，从而使 UKF 算法无法对协方差矩阵进行 Cholesky 分解，或者造成 EKF 算法中 Kalman 滤波增益 K_k 计算失真造成滤波结果发散，上述问题均属于 Kalman 滤波器的计算稳定性问题，克服此问题的主要手段是采用平方根 Kalman 滤波算法[15]。平方根滤波的双精度特性可以减少计算误差，在数值计算精度和计算负担之间取得了良好的平衡。

平方根滤波的基本思想是在递推滤波计算过程中只计算协方差矩阵 P_k 及其预测值 $P_{k,k-1}$ 的平方根 S_k 和 S_k^-，由矩阵理论可知，非零矩阵 S 及其转置 S^{T} 是非负定的，从而保证了 P_k 和 $P_{k,k-1}$ 的非负定性，又由于计算 S 所需的字长是计算协方差矩阵 P 字长的一半，因此能够有效克服经典 Kalman 滤波算法中存在的计算误差。矩阵的 QR 分解技术和 Cholesky 分解技术是平方根 Kalman 滤波算法的基础。对于矩阵 $A\in\mathbf{R}^{L\times N}$ ($N\geqslant L$)，QR 分解技术能够将其分解为一个正交矩阵 $Q\in\mathbf{R}^{N\times N}$ 和一个上三角矩阵 $R\in\mathbf{R}^{N\times L}$，使得 $A^{\mathrm{T}}=QR$，本章采用 $\mathrm{qr}(\cdot)$ 表示以 R 作为返回值 QR 分解运算。而 Cholesky 分解技术能够将正定矩阵 $A\in\mathbf{R}^{N\times N}$ 分解为 $A=TT^{\mathrm{T}}$ 的形式，其中 T 为下三角矩阵，本章用记号 $\mathrm{chol}(\cdot)$ 表示以 T 作为返回值的 Cholesky 分解。

4.2.1　强跟踪 UKF 算法

经典强跟踪滤波(strong tracking filtering，STF)算法是满足正交原理的 EKF 算法，因此不可避免地同样具有 EKF 算法的一些缺点。例如，经典 STF 算法同样要求计算非线性函数 $f(X)$ 和 $h(X)$ 的 Jacobian 矩阵，使得经典 STF 算法仅适用于那些在状态矢量附近连续可导的弱非线性系统；而且经典 STF 算法对如状态矢量和观测矢量的后验估计值 $\hat{X}_{k|k-1}$ 和 $\hat{Z}_{k|k-1}$ 以及诸多后验协方差矩阵的计算精度仅能达到一阶。

又根据 UT 的特点，其对非线性函数统计特性的估计精度不但能够达到二阶以上，而且无须计算 Jacobian 矩阵，克服了 EKF 算法的上述不足，更为重要的是 UT 的计算量与 EKF 同阶。因此，本节将 UT 引入强跟踪 Kalman 滤波算法，即基于正交原理设计强跟踪 UKF(strong tracking UKF，ST-UKF)算法。基于非线性系统式(3-10)和式(3-11)的 ST-UKF 算法递推公式如下：

(1)初始化。设 ST-UKF 算法初始值为

$$\begin{cases}\hat{X}_0 = E(X_0) \\ P_0 = E\left[\left(X_0 - \hat{X}_0\right)\left(X_0 - \hat{X}_0\right)^{\mathrm{T}}\right]\end{cases} \tag{4-31}$$

(2) Sigma 点采样。根据 X_{k-1} 和 P_{k-1} 采取某种采样策略得到 k 时刻状态 X_k 估计的 Sigma 点集 $\{\chi_i\}$ $(i=1,2,\cdots,L)$。

(3) Sigma 点集 $\{\chi_i\}$ 经过非线性状态函数 f 传播后，得到 $\chi_{i,k|k-1}$，由 $\chi_{i,k|k-1}$ 计算可得状态向量 X_k 一步预测估计 $\hat{X}_{k|k-1}$ 和一步误差协方差阵预测估计 $P_{k|k-1}$：

$$\chi_{i,k|k-1} = f\left(\chi_{i,k-1}\right) \tag{4-32}$$

$$\hat{X}_{k|k-1} = \sum_{i=1}^{L} \omega_i^m \chi_{i,k|k-1} \tag{4-33}$$

$$P_{k|k-1} = \sum_{i=1}^{L} \omega_i^c \left(\chi_{i,k|k-1} - \hat{X}_{k|k-1}\right)\left(\chi_{i,k|k-1} - \hat{X}_{k|k-1}\right)^{\mathrm{T}} \tag{4-34}$$

其中，ω_i^m $(i=1,2,\cdots,L)$ 为求一阶统计特性时的权系数；ω_i^c $(i=1,2,\cdots,L)$ 为求二阶统计特性时的权系数。

(4)采用与第(2)步相同的采样策略，根据 $\hat{X}_{k|k-1}$、Q，求取 Sigma 点集 $\{\zeta_i\}$ $(i=1,2,\cdots,L)$。

(5) 计算 Sigma 点集$\{\zeta_i\}$、$\{\chi_i\}$通过非线性量测方程的传播：

$$\delta_{i,k|k-1}=h\left(\chi_{i,k|k-1}\right) \tag{4-35}$$

$$\xi_{i,k|k-1}=h\left(\zeta_{i,k|k-1}\right) \tag{4-36}$$

$$\hat{Z}_{k|k-1}=\sum_{i=1}^{L}\omega_i^m\delta_{i,k|k-1} \tag{4-37}$$

$$P_{11}=\sum_{i=1}^{L}\omega_i^c\left(\delta_{i,k|k-1}-\hat{Z}_{k|k-1}\right)\left(\delta_{i,k|k-1}-\hat{Z}_{k|k-1}\right)^{\mathrm{T}} \tag{4-38}$$

$$P_{22}=\sum_{i=1}^{L}\omega_i^c\left(\xi_{i,k|k-1}-\hat{Z}_{k|k-1}\right)\left(\xi_{i,k|k-1}-\hat{Z}_{k|k-1}\right)^{\mathrm{T}} \tag{4-39}$$

(6) 滤波更新。

①根据测量值计算新息：

$$\gamma_k=Z_k-\hat{Z}_{k|k-1} \tag{4-40}$$

②在线计算渐消因子矩阵Λ_k：

$$V_k^0=E\left(\gamma_k\gamma_k^{\mathrm{T}}\right)\approx\begin{cases}\gamma_0\gamma_0^{\mathrm{T}}, & k=0\\ \dfrac{\rho V_{k-1}^0+\gamma_k\gamma_k^{\mathrm{T}}}{1+\rho}, & k\geqslant 1\end{cases} \tag{4-41}$$

$$N_k=V_k^0-R-P_{22} \tag{4-42}$$

$$M_k=P_{11}=M_k^{ii} \tag{4-43}$$

$$\eta_k=\frac{\mathrm{trace}\left(N_k\right)}{\sum_{i=1}^{d}M_k^{ii}} \tag{4-44}$$

$$\lambda_k^i=\begin{cases}\alpha_i\eta_k, & \alpha_i\eta_k>1\\ 1, & \alpha_i\eta_k\leqslant 1\end{cases} \tag{4-45}$$

$$\Lambda_k=\mathrm{diag}\left(\lambda_k^1,\lambda_k^2,\cdots,\lambda_k^L\right) \tag{4-46}$$

其中，ρ 为遗忘因子，且 $0<\rho\leqslant 1$，通常 $\rho=0.95$；α_i 是先验系数，且 $\alpha_i\geqslant 1$，$i=1,2,\cdots,L$。

③计算误差协方差阵预测值：

$$P_{k|k-1}=\Lambda_k\sum_{i=1}^{L}\omega_i^c\left(\chi_{i,k|k-1}-\hat{X}_{k|k-1}\right)\left(\chi_{i,k|k-1}-\hat{X}_{k|k-1}\right)^{\mathrm{T}}+Q \tag{4-47}$$

④采用与步骤(2)相同的采样策略，根据 $\hat{X}_{k|k-1}$、$P_{k|k-1}$ 求取 Sigma 点集 $\{\vartheta_i\}$ $(i=1,2,\cdots,L)$。

⑤计算 Sigma 点集 $\{\vartheta_i\}$ 通过量测方程的传播：

$$\delta_{i,k|k-1}=h\left(\vartheta_{i,k|k-1}\right) \tag{4-48}$$

⑥计算增益矩阵 K_k：

$$P_{33}=\sum_{i=1}^{L}\omega_i^c\left(\delta_{i,k|k-1}-\hat{Z}_{k|k-1}\right)\left(\delta_{i,k|k-1}-\hat{Z}_{k|k-1}\right)^{\mathrm{T}}+R \tag{4-49}$$

$$P_{44}=\sum_{i=1}^{L}\omega_i^c\left(\chi_{i,k|k-1}-\hat{X}_{k|k-1}\right)\left(\delta_{i,k|k-1}-\hat{Z}_{k|k-1}\right)^{\mathrm{T}} \tag{4-50}$$

$$K_k=P_{44}P_{33}^{-1} \tag{4-51}$$

⑦更新：

$$\hat{X}_k=\hat{X}_{k|k-1}+K_k\gamma_k \tag{4-52}$$

$$P_k=P_{k|k-1}-K_kP_{33}K_k^{\mathrm{T}} \tag{4-53}$$

4.2.2 强跟踪平方根 UKF 算法

从 4.2.1 节所述的 ST-UKF 算法框架中可以看出，每步更新都需要重新计算 Sigma 点，而 Sigma 点的计算需要采取某种采样策略才能得到 k 时刻状态 X_k 估计的 Sigma 点集，但在 UKF 算法中传递的依然是整个协方差矩阵，而如果在计算过程中使其失去非负定性，则在计算 Kalman 滤波增益 K_k 过程中的求逆运算将会产生很大的误差。如果由于协方差矩阵 P_k 的负定性，矩阵 P_{33} 变成奇异阵或接近奇异阵，则其逆不存在或由其计算出的逆会产生巨大的误差，从而导致估计值 $\hat{X}_k$ 的计算产生巨大误差。为解决该问题，Rudolph 等提出了平方根 UKF(square root UKF,

SR-UKF)算法用在状态估计和参数估计中[16-18]。设 L 为状态矢量 X_k 的维数，则 SR-UKF 算法的运算步骤如下所示：

(1)初始化。设 SR-UKF 算法初始值为

$$\begin{cases} \hat{X}_0 = E(X_0) \\ S_0 = \mathrm{chol}\left\{E\left[\left(X_0 - \hat{X}_0\right)\left(X_0 - \hat{X}_0\right)^{\mathrm{T}}\right]\right\} \end{cases} \tag{4-54}$$

(2)时间更新

$$\{\chi_i\}_{k-1} = \left[\hat{X}_{k-1} \quad \hat{X}_{k-1} + \gamma S_k \quad \hat{X}_{k-1} - \gamma S_k\right] \tag{4-55}$$

$$\chi_{i,k|k-1} = f(\chi_{i,k-1}) \tag{4-56}$$

$$\hat{X}_{k|k-1} = \sum_{i=0}^{2L} \omega_i^m \chi_{i,k|k-1} \tag{4-57}$$

$$S_k^- = \mathrm{qr}\left\{\left[\sqrt{\omega_1^c}\left(\chi_{1:2L,k|k-1}\right) - \hat{X}_{k|k-1} \quad \sqrt{Q}\right]\right\} \tag{4-58}$$

$$S_k^- = \mathrm{chol}\left(S_k^- \quad \chi_{0,k|k-1} - \hat{X}_{k|k-1} \quad \omega_0^c\right) \tag{4-59}$$

$$\{\chi_i\}_{k|k-1} = \left[\hat{X}_{k|k-1} \quad \hat{X}_{k|k-1} + \gamma S_k^- \quad \hat{X}_{k|k-1} - \gamma S_k^-\right] \tag{4-60}$$

$$Z_{i,k|k-1} = h\left(\chi_{i,k|k-1}\right) \tag{4-61}$$

$$\hat{Z}_{k|k-1} = \sum_{i=0}^{2L} \omega_i^m Z_{i,k|k-1} \tag{4-62}$$

(3)测量更新

$$S_{\tilde{Z}} = \mathrm{qr}\left\{\left[\sqrt{\omega_1^c}\left(Z_{1:2L,k|k-1}\right) - \hat{Z}_{k|k-1} \quad \sqrt{R}\right]\right\} \tag{4-63}$$

$$S_{\tilde{Z}} = \mathrm{chol}\left(S_{\tilde{Z}} \quad Z_{0,k|k-1} - \hat{Z}_{k|k-1} \quad \omega_0^c\right) \tag{4-64}$$

$$P_{11} = \sum_{i=1}^{L} \omega_i^c \left(\chi_{i,k|k-1} - \hat{X}_{k|k-1}\right)\left(Z_{i,k|k-1} - \hat{Z}_{k|k-1}\right)^{\mathrm{T}} \tag{4-65}$$

$$K_k = \left(P_{11} / S_{\tilde{Z}}^{\mathrm{T}}\right) S_{\tilde{Z}} \tag{4-66}$$

$$\varepsilon_k = Z_k - \hat{Z}_{k|k-1} \tag{4-67}$$

$$\hat{X}_k = \hat{X}_{k|k-1} + K_k \varepsilon_k \tag{4-68}$$

$$U = K_k S_{\tilde{Z}} \tag{4-69}$$

$$S_k = \mathrm{chol}\left(S_k^- \quad U \quad -1\right) \tag{4-70}$$

其中，$\omega_0^m = \lambda/L + \lambda$，$\omega_0^c = \lambda/L + \lambda + \left(1 - \alpha^2 + \beta\right)$，$\omega_i^m = \omega_i^c = 1/2(L+\lambda)$，$i=1, 2,\cdots,2L$，$10^{-4} \leqslant \alpha \leqslant 1$，$\beta = 2$，$\gamma = \sqrt{L+\lambda}$，$\lambda = \alpha^2(L+\kappa) - L$，$\kappa = 3 - L$。

假设状态向量的维数为 L，观测向量的维数为 d，SR-UKF 算法对于式(4-58)中的 $3L \times L$ 的矩阵进行 QR 分解的计算量为 $O\left(3L^3\right)$，这与标准 UKF 算法中对该矩阵进行平方的计算量相同，而标准 UKF 中对其平方后的 $L \times L$ 的矩阵进行 Cholesky 分解还需要再增加 $O\left(L^3/6\right)$ 的运算量。协方差平方根的 Cholesky 分解更新函数的运算量为 $O\left(2Ld^2\right)$，而标准 UKF 算法进行协方差更新的计算量为 $O\left(L^3 + Ld^2\right)$。每个样点进行非线性变换的运算量为 $O\left(L^2\right)$。由于使用协方差平方根进行迭代，SR-UKF 算法比 UKF 算法节约了计算 Sigma 点、时间更新和测量更新过程中的三次 Cholesky 分解的运算 $O\left(\left(2L^3 + d^3\right)/6\right)$。一般情况下，状态参量的维数 L 大于观测量的维数 M，因此 SR-UKF 算法中各项计算量的最高量级为 $O\left(L^3\right)$。

综合强跟踪 Kalman 滤波算法与 SR-UKF 算法优势，提出基于非线性系统的强跟踪平方根 UKF(strong tracking square root UKF，ST-SRUKF)算法，作为纯距离误差修正算法框架，其递推公式如下所示：

(1)设 ST-SRUKF 算法的初始状态为

$$\begin{cases} \hat{X}_0 = E(X_0) \\ S_0 = \mathrm{chol}\left\{E\left[\left(X_0 - \hat{X}_0\right)\left(X_0 - \hat{X}_0\right)^{\mathrm{T}}\right]\right\} \end{cases} \tag{4-71}$$

(2)状态更新

$$\{\chi_i\}_{k-1} = \left[\hat{X}_{k-1} \quad \hat{X}_{k-1} + \gamma S_k \quad \hat{X}_{k-1} - \gamma S_k\right] \tag{4-72}$$

$$\chi_{i,k|k-1} = f(\chi_{i,k-1}) \tag{4-73}$$

$$\hat{X}_{k|k-1} = \sum_{i=0}^{2L} \omega_i^m \chi_{i,k|k-1} \tag{4-74}$$

(3) 根据 $\hat{X}_{k|k-1}$、Q 求取 Sigma 点集 $\{\zeta_i\}$ $(i = 0,1,\cdots,2L)$

$$\{\zeta_i\}_{k|k-1} = \left[\hat{X}_{k|k-1} \quad \hat{X}_{k|k-1} + \gamma\sqrt{Q} \quad \hat{X}_{k|k-1} - \gamma\sqrt{Q} \right] \tag{4-75}$$

(4) 计算 Sigma 点集 $\{\zeta_i\}$、$\{\chi_i\}$ 通过量测方程的传播

$$\xi_{i,k|k-1} = h\left(\zeta_{i,k|k-1}\right) \tag{4-76}$$

$$S_k^- = \mathrm{qr}\left\{ \left[\sqrt{\omega_1^c}\left(\chi_{1:2L,k|k-1}\right) - \hat{X}_{k|k-1} \quad \sqrt{Q} \right] \right\} \tag{4-77}$$

$$S_k^- = \mathrm{chol}\left(S_k^- \quad \chi_{0,k|k-1} - \hat{X}_{k|k-1} \quad \omega_0^c \right) \tag{4-78}$$

$$\{\chi_i\}_{k|k-1} = \left[\hat{X}_{k|k-1} \quad \hat{X}_{k|k-1} + \gamma S_k^- \quad \hat{X}_{k|k-1} - \gamma S_k^- \right] \tag{4-79}$$

$$\delta_{i,k|k-1} = h\left(\chi_{i,k|k-1}\right) \tag{4-80}$$

$$\hat{Z}_{k|k-1} = \sum_{i=0}^{2L} \omega_i^m \delta_{i,k|k-1} \tag{4-81}$$

$$P_{11} = \sum_{i=0}^{2L} \omega_i^c \left(\delta_{i,k|k-1} - \hat{Z}_{k|k-1}\right)\left(\delta_{i,k|k-1} - \hat{Z}_{k|k-1}\right)^{\mathrm{T}} \tag{4-82}$$

$$P_{22} = \sum_{i=0}^{2L} \omega_i^c \left(\xi_{i,k|k-1} - \hat{Z}_{k|k-1}\right)\left(\xi_{i,k|k-1} - \hat{Z}_{k|k-1}\right)^{\mathrm{T}} \tag{4-83}$$

(5) 滤波更新。

①根据测量值计算新息：

$$\gamma_k = Z_k - \hat{Z}_{k|k-1} \tag{4-84}$$

②在线计算渐消因子矩阵：

$$V_k^0 = E\left(\gamma_k \gamma_k^{\mathrm{T}}\right) \approx \begin{cases} \gamma_0 \gamma_0^{\mathrm{T}}, & k=0 \\ \dfrac{\rho V_{k-1}^0 + \gamma_k \gamma_k^{\mathrm{T}}}{1+\rho}, & k \geqslant 1 \end{cases} \tag{4-85}$$

$$N_k = V_k^0 - R - P_{22} \tag{4-86}$$

$$M_k = P_{11} = M_k^{ii} \tag{4-87}$$

$$\eta_k = \frac{\operatorname{trace}\left(N_k\right)}{\sum_{i=1}^{d} M_k^{ii}} \tag{4-88}$$

$$\lambda_k^i = \begin{cases} \alpha_i \eta_k, & \alpha_i \eta_k > 1 \\ 1, & \alpha_i \eta_k \leqslant 1 \end{cases} \tag{4-89}$$

$$\Lambda_k = \operatorname{diag}\left(\lambda_k^1, \lambda_k^2, \cdots, \lambda_k^L\right) \tag{4-90}$$

其中，ρ 为遗忘因子，且 $0 < \rho \leqslant 1$，通常 $\rho = 0.95$；α_i 是先验系数，且 $\alpha_i \geqslant 1$，$i = 1,2,\cdots,L$。

③计算 S_k 预测值 S_k^-：

$$S_k^- = \operatorname{qr}\left\{\left[\sqrt{\omega_1^c} \cdot \sqrt{\Lambda_k}\left(\chi_{1:2L,k|k-1} - \hat{X}_{k|k-1}\right) \quad \sqrt{\Lambda_k \cdot Q}\right]\right\} \tag{4-91}$$

$$S_k^- = \operatorname{chol}\left(S_k^- \quad \chi_{0,k|k-1} - \hat{X}_{k|k-1} \quad \omega_0^c\right) \tag{4-92}$$

④Sigma 点集 $\{\vartheta_i\}$ $(i = 0,1,\cdots,2L)$：

$$\{\vartheta_i\}_{k|k-1} = \left[\hat{X}_{k|k-1} \quad \hat{X}_{k|k-1} + \gamma S_k^- \quad \hat{X}_{k|k-1} - \gamma S_k^-\right] \tag{4-93}$$

⑤计算 Sigma 点集 $\{\vartheta_i\}$ 通过量测方程的传播：

$$\delta_{i,k|k-1} = h\left(\vartheta_{i,k|k-1}\right) \tag{4-94}$$

⑥计算增益矩阵 K_k：

$$S_{\tilde{Z}} = \operatorname{qr}\left\{\left[\sqrt{\omega_1^c}\left(\delta_{1:2L,k|k-1}\right) - \hat{Z}_{k|k-1} \quad \sqrt{R}\right]\right\} \tag{4-95}$$

$$S_{\tilde{Z}} = \mathrm{chol}\left(S_{\tilde{Z}} \quad \delta_{0,k|k-1} - \hat{Z}_{k|k-1} \quad \omega_0^c\right) \tag{4-96}$$

$$P_{33} = \sum_{i=1}^{L} \omega_i^c \left(\chi_{i,k|k-1} - \hat{X}_{k|k-1}\right)\left(\delta_{i,k|k-1} - \hat{Z}_{k|k-1}\right)^{\mathrm{T}} \tag{4-97}$$

$$K_k = \left(P_{33} / S_{\tilde{Z}}^{\mathrm{T}}\right) S_{\tilde{Z}} \tag{4-98}$$

⑦更新：

$$\hat{X}_k = \hat{X}_{k|k-1} + K_k \gamma_k \tag{4-99}$$

$$U = K_k S_{\tilde{Z}} \tag{4-100}$$

$$S_k = \mathrm{chol}\left(S_k^- \quad U \quad -1\right) \tag{4-101}$$

4.2.3 渐消因子算法优化

ST-SRUKF 算法的鲁棒性得到了提高，一般情况下，该算法能够解决滤波发散问题，却往往不能使滤波达到最优，滤波精度偏低。本节通过改进渐消因子矩阵的计算方法提高 ST-SRUKF 算法的滤波精度。

渐消因子矩阵 Λ_k 计算过程中，注意到式(4-88)中仅有 N_k 和 M_k 的对角线元素参与了计算，浪费了许多信息。假设强跟踪滤波运算到达最优时，新息 γ_k 方差的计算值与实际值相等，结合标准 Kalman 滤波算法，由经典 STF 算法有

$$\begin{aligned} &H\left(\hat{X}_{k|k-1}\right)\Lambda_{k-1}F\left(\hat{X}_{k-1|k-1}\right)P_{k-1|k-1}F^{\mathrm{T}}\left(\hat{X}_{k-1|k-1}\right)H^{\mathrm{T}}\left(\hat{X}_{k|k-1}\right) \\ &= V_k^0 - R - H\left(\hat{X}_{k|k-1}\right)QH^{\mathrm{T}}\left(\hat{X}_{k|k-1}\right) \end{aligned} \tag{4-102}$$

又渐消因子 $\Lambda_{k-1} = \eta_{k-1}\mathrm{diag}\left(\alpha_1, \cdots, \alpha_L\right)$，且 η_{k-1} 满足

$$M_{k-1}\eta_{k-1} = N_{k-1} \tag{4-103}$$

又在 k 时刻有

$$M_k = H\left(\hat{X}_{k|k-1}\right)\alpha F\left(\hat{X}_{k-1}\right)P_{k-1}F^{\mathrm{T}}\left(\hat{X}_{k-1}\right)H^{\mathrm{T}}\left(\hat{X}_{k|k-1}\right) \tag{4-104}$$

其中，$\alpha = \mathrm{diag}\left(\alpha_1, \cdots, \alpha_L\right)$。

$$N_k = V_k^0 - R - H\left(\hat{X}_{k|k-1}\right) Q H^{\mathrm{T}}\left(\hat{X}_{k|k-1}\right) \tag{4-105}$$

将矩阵 M_k 和 N_k 中的各元素按次序构成向量 ϕ_k 和 ω_k：

$$\phi_k = \left[M_k^{11} \ \cdots \ M_k^{1d} \ \cdots \ M_k^{d1} \ \cdots \ M_k^{dd} \right]^{\mathrm{T}} \tag{4-106}$$

$$\omega_k = \left[N_k^{11} \ \cdots \ N_k^{1d} \ \cdots \ N_k^{d1} \ \cdots \ N_k^{dd} \right]^{\mathrm{T}} \tag{4-107}$$

这里假设观测向量的维数为 d，M_k^{ij}、N_k^{ij} 分别表示矩阵 M_k 和 N_k 中第 i 行、第 j 列元素。基于最小方差估计有

$$\eta_k = \left[\phi_k^{\mathrm{T}} \phi_k \right]^{-1} \phi_k^{\mathrm{T}} \omega_k = \frac{\sum_{i,j=1}^{d} \left(M_k^{ij} N_k^{ij} \right)}{\sum_{i,j=1}^{d} \left(M_k^{ij} \right)^2} \tag{4-108}$$

注意到式(4-101)，在 ST-SRUKF 算法中，将式(4-77)改为

$$S_k^- = \mathrm{qr}\left\{ \left[\sqrt{\omega_1^c} \alpha \left(\chi_{1:2L,k|k-1} \right) - \hat{X}_{k|k-1} \quad \sqrt{Q} \right] \right\} \tag{4-109}$$

令

$$M_k = P_{11} \tag{4-110}$$

将式(4-88)替换为式(4-108)，将矩阵 M_k 和 N_k 中的所有元素都加以利用，从而实现了基于最小方差的渐消因子估计算法，使得对于 η 的计算更加合理，但是也增加了 ST-SRUKF 算法的复杂度，因此在实际应用中应当酌情采用。

4.3　纯距离误差修正仿真试验

如图 4.1(a)所示，在水面母船辅助的条件下，大潜深 AUV 采用螺旋下潜方式，并反复利用母船搭载的 USBL 水声定位系统提供的距离信息，估计其上搭载的惯导系统的速度误差和定位误差；如图 4.1(b)所示为计算机仿真采用的 AUV 下潜路径。

在 MATLAB 2013a 仿真环境下，分别基于典型 UKF 算法和 ST-SRUKF 算法对捷联惯导系统的位置误差和速度误差进行估计，仿真实验结果如图 4.2～图 4.5 所示。

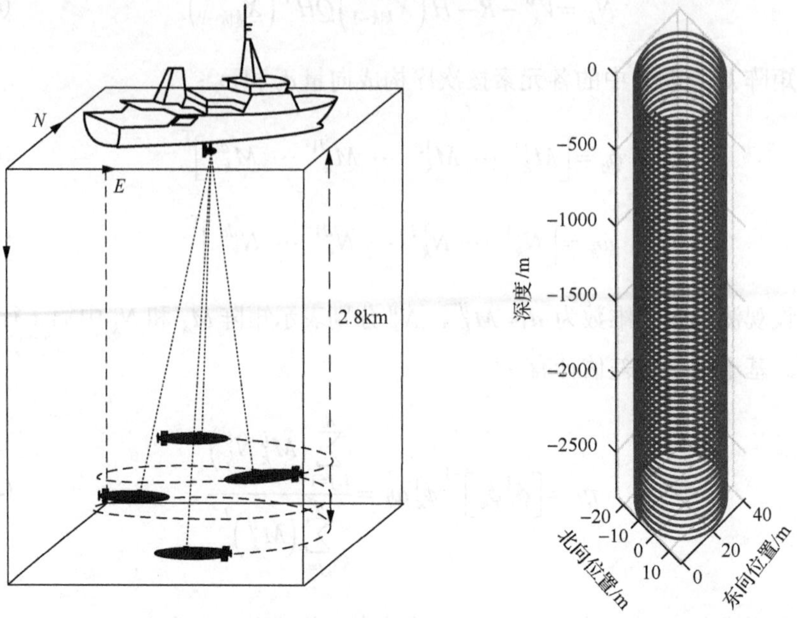

(a) 大潜深AUV下潜过程纯距离导航示意图　　(b) AUV下潜仿真路径

图 4.1　大潜深 AUV 纯距离导航及下潜仿真路径示意图

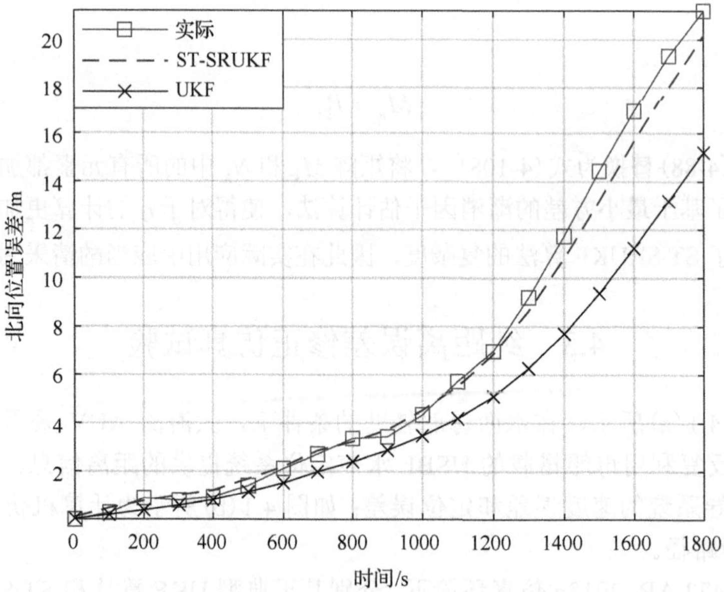

图 4.2　北向位置误差估计

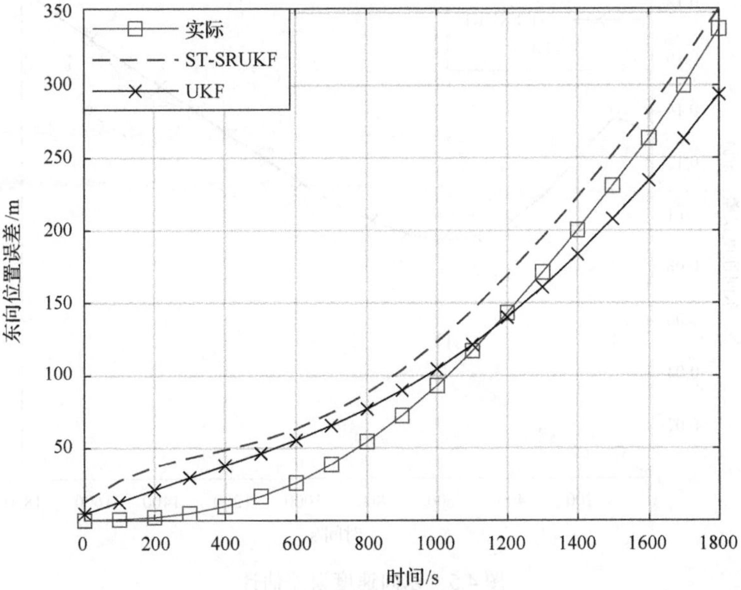

图 4.3　东向位置误差估计

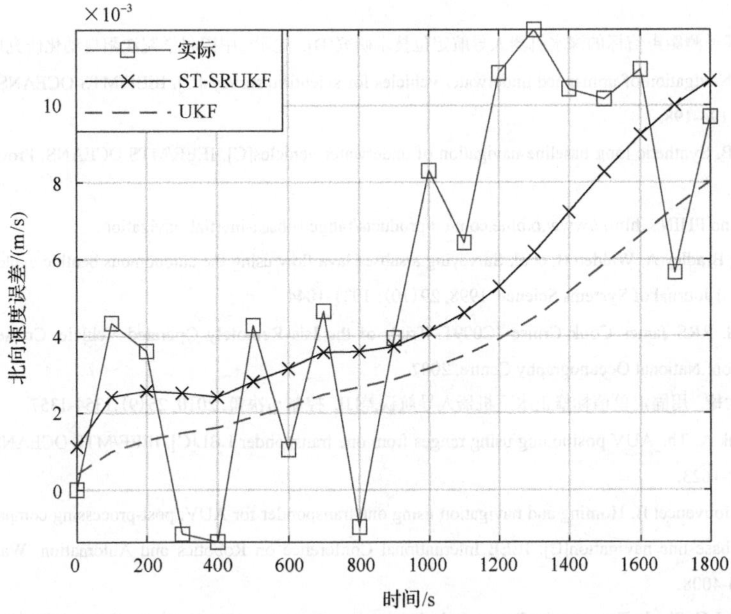

图 4.4　北向速度误差估计

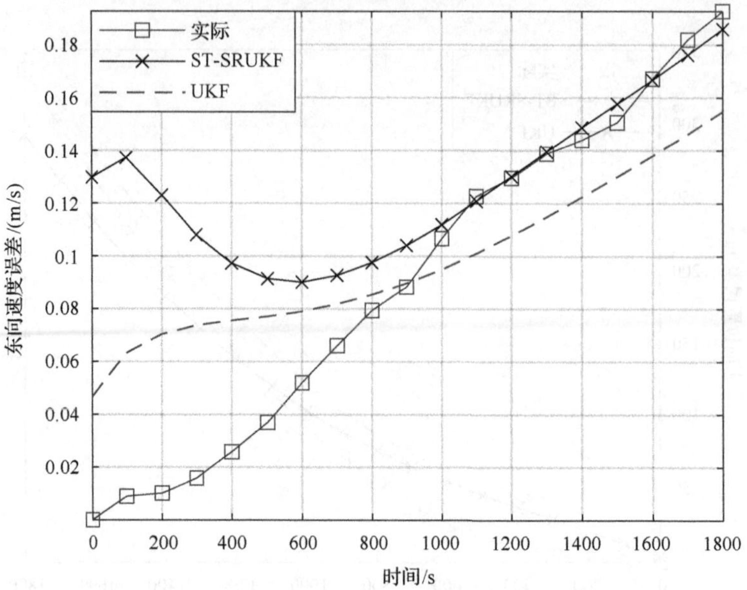

图 4.5 东向速度误差估计

参 考 文 献

[1] 冀大雄. 基于测距声信标的深水机器人导航定位技术研究[D]. 沈阳: 中国科学院沈阳自动化研究所, 2008.

[2] Babb R J. Navigation of unmanned underwater vehicles for scientific surveys[C]. IEEE/MTS OCEANS, Washington DC, 1990: 194-198.

[3] Larsen M B. Synthetic long baseline navigation of underwater vehicles[C]. IEEE/MTS OCEANS, Providence, 2000: 2043-2050.

[4] Ixsea Oceano PHINS. http: //www.ixblue.com/en/products/range/subsea-inertial-navigation.

[5] Yoerger D, Bradley A, Walden B, et al. Surveying a subsea lava flow using the autonomous benthic explorer (ABE) [J]. International Journal of Systems Science, 1998, 29 (10) : 1031-1044.

[6] Griffiths G. RRS James Cook Cruise JC009T. Trials of the Isis Remotely Operated Vehicle, Cruise Rep.18 [R]. Southampton: National Oceanography Centre, 2007.

[7] 刘健, 冀大雄. 用固定单信标修正水下机器人导航误差[J]. 控制与决策, 2010, 25 (9) :1354-1357.

[8] Scherbatyuk A. The AUV positioning using ranges from one transponder LBL[C]. IEEE/MTS OCEANS, San Diego, 1995: 1620-1623.

[9] Baccou P, Jouvencel B. Homing and navigation using one transponder for AUV, post-processing comparisons results with long base-line navigation[C]. IEEE International Conference on Robotics and Automation, Washington DC, 2002: 4004-4008.

[10] Hartsfield J C. Single Transponder Range Only Navigation Geometry (STRONG) Applied to REMUS Autonomous Under Water Vehicles [D]. Cambridge/Woods Hole: Massachusetts Institute of Technology/Woods Hole Oceanographic Institution, 2005.

[11] Eustice R M, Whitcomb L L, Singh H, et al. Experimental results in synchronous-clock one-way-travel-time acoustic navigation for autonomous underwater vehicles[C]. IEEE International on Robotics and Automation, Roma, 2007: 4257-4264.

[12] Mcphail S D, Pebody M. Range-only positioning of a deep-diving autonomous underwater vehicle from a surface ship[J]. IEEE Journal of Oceanic Engineering, 2009, 34(4): 669-677.

[13] 龚享铱. 利用频率变化率和波达角变化率单站无源定位与跟踪的关键技术研究[D]. 长沙: 国防科技大学, 2004.

[14] Dapadopoulos G, Fallon M F, Leonard J J, et al. Cooperative localization of marine vehicles using nonlinear state estimation[C]. IEEE/RSJ International Conference on Intelligent Robots and Systems, Taipei, 2010: 4874-4879.

[15] 付梦印. Kalman 滤波理论及其在导航系统中的应用[M]. 2 版. 北京: 科学出版社, 2010.

[16] Wan E A, Merwe R V D, Nelson A T. Dual estimation and the unscented transformation[C]. NIPS, Nevada, 2000: 666-672.

[17] Wan E A, Merwe R V D. The unscented Kalman filter for nonlinear estimation[C]. IEEE AS-SPCC, Lake Louise, 2000: 153-158.

[18] Wan E A, Merwe R V D. The square-root unscented Kalman filter for state and parameter-estimation[C]. ICASSP, Salt Lake City, 2001: 1520-6149.

第 5 章　AUV 水下同步定位与制图算法

同步定位与制图(SLAM)算法被认为是移动机器人生成真正全自主能力的核心问题之一。对 AUV 而言，由航位推算引入的噪声，或者模型不确定性，都将导致 AUV 的推位导航系统的定位误差随时间逐渐积累。又由于环境感知传感器固定在 AUV 上，当环境信息融入地图中时，AUV 的定位误差也一并被引入，导致 AUV 如图 5.1 所示的航位推算和环境特征制图位置的不确定性(由椭圆表示)越来越大。

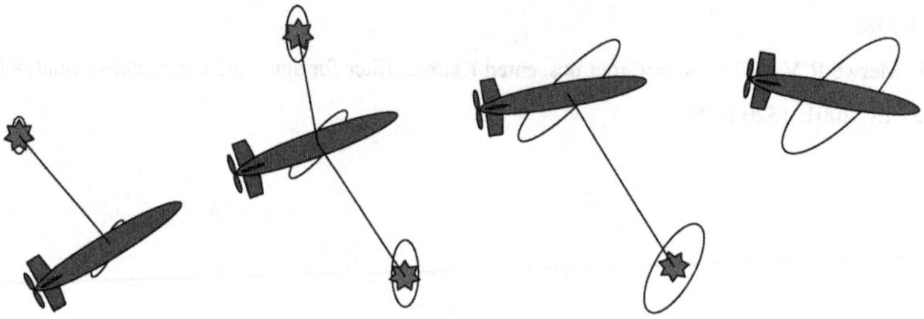

图 5.1　航位推算和环境特征制图位置的不确定性

在水下 SLAM 算法的帮助下，AUV 可以通过对地图中环境特征的反复观测，削弱甚至抑制航位推算不确定性的增长。具体过程可概述为：如图 5.2 所示，如果 AUV 新观察到某一环境特征，则首先利用数据关联算法判定该特征是否与地图已有环境特征相对应，若观测特征与地图已有环境特征相对应，则可利用与此特征相应的观测信息更新 AUV 的位置和地图信息，否则该特征将被加入地图已有环境特征中[1]。

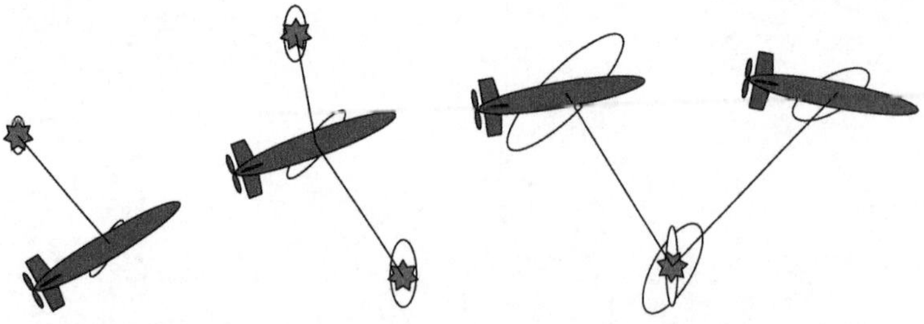

图 5.2　SLAM 算法示意图

目前用于解决 SLAM 问题的算法大多要求已知系统噪声和观测噪声的统计特性[2-5]，而在实际应用中，噪声的统计特性通常是不准确的，有时甚至是未知的，从而导致滤波精度严重下降甚至发散。目前学者们提出了各种自适应算法来适应噪声统计特性的变化、降低模型误差，其中带时变噪声估值器的 Sage-Husa 自适应 UKF 算法是比较具有代表性的。

5.1　Sage-Husa 自适应 UKF 算法

Sage 和 Husa 提出的自适应 Kalman 滤波算法属于方差匹配法。该算法具有原理简单、实时性好以及可同时估计出过程噪声和观测噪声的 1、2 阶矩等特点，因而得到广泛的应用[6-8]。Sage-Husa 自适应 Kalman 滤波是在利用观测数据进行递推滤波的同时，通过时变噪声统计估值器，实时估计和修正系统过程噪声和观测噪声的统计特性，从而达到减小模型误差、提高滤波精度的目的[9]。

不失一般性，设一类非线性动态系统为

$$X_k = f\left(X_{k-1}\right) + w_{k-1} \tag{5-1}$$

$$Z_k = h\left(X_k\right) + v_k \tag{5-2}$$

其中，X_k 为系统状态向量；Z_k 为观测向量；w_k 和 v_k 为相互独立的带时变均值和协方差的高斯白噪声序列。假设 w_k 和 v_k 的均值分别为 q_k 和 r_k，而方差分别为 Q_k 和 R_k，则文献[10]提出的 Sage-Husa 自适应 UKF 算法可描述如下：

(1) 初始化。对于 $k \in \{1,2,\cdots,\infty\}$，设初始值为

$$\begin{cases} \hat{X}_0 = E\left(X_0\right) \\ P_0 = E\left[\left(X_0 - \hat{X}_0\right)\left(X_0 - \hat{X}_0\right)^{\mathrm{T}}\right] \end{cases} \tag{5-3}$$

(2) Sigma 点采样。根据 X_{k-1} 和 P_{k-1} 采取某种采样策略得到 k 时刻状态 X_k 估计的 Sigma 点集 $\{\chi_i\}$ $(i=1,2,\cdots,L)$。

(3) 预测方程

$$\gamma_{i,k|k-1} = f\left(\chi_{i,k-1}\right) \tag{5-4}$$

$$\chi_{i,k|k-1} = \gamma_{i,k|k-1} + \hat{q}_{k-1} \tag{5-5}$$

$$\hat{X}_{k|k-1} = \sum_{i=1}^{L} \omega_i^m \chi_{i,k|k-1} \tag{5-6}$$

$$\Theta_{k|k-1} = \sum_{i=1}^{L} \omega_i^c \left(\chi_{i,k|k-1} - \hat{X}_{k|k-1}\right)\left(\chi_{i,k|k-1} - \hat{X}_{k|k-1}\right)^{\mathrm{T}} \tag{5-7}$$

$$P_{k|k-1} = \Theta_{k|k-1} + \hat{Q}_{k-1} \tag{5-8}$$

$$\zeta_{i,k|k-1} = h\left(\chi_{i,k|k-1}\right) \tag{5-9}$$

$$Z_{i,k|k-1} = \zeta_{i,k|k-1} + \hat{r}_{k-1} \tag{5-10}$$

$$\hat{Z}_{k|k-1} = \sum_{i=1}^{L} \omega_i^m Z_{i,k|k-1} \tag{5-11}$$

$$\Gamma_{11} = \sum_{i=1}^{L} \omega_i^c \left(Z_{i,k|k-1} - \hat{Z}_{k|k-1}\right)\left(Z_{i,k|k-1} - \hat{Z}_{k|k-1}\right)^{\mathrm{T}} \tag{5-12}$$

$$P_{11} = \Gamma_{11} + \hat{R}_{k-1} \tag{5-13}$$

$$P_{22} = \sum_{i=0}^{L} \omega_i^c \left(\chi_{i,k|k-1} - \hat{X}_{k|k-1}\right)\left(Z_{i,k|k-1} - \hat{Z}_{k|k-1}\right)^{\mathrm{T}} \tag{5-14}$$

$$K_k = P_{22} P_{11}^{-1} \tag{5-15}$$

(4) 滤波更新

$$d_k = (1-b)/(1-b^k) \tag{5-16}$$

$$\varepsilon_k = Z_k - \hat{Z}_{k|k-1} \tag{5-17}$$

$$\hat{X}_{k|k} = \hat{X}_{k|k-1} + K_k \varepsilon_k \tag{5-18}$$

$$\hat{q}_k = \left(1-d_k\right)\hat{q}_{k-1} + d_k\left(\hat{X}_{k|k} - \sum_{i=1}^{L} \omega_i^m \gamma_{i,k|k-1}\right) \tag{5-19}$$

$$\hat{r}_k = \left(1-d_k\right)\hat{r}_{k-1} + d_k\left(Z_k - \sum_{i=1}^{L} \omega_i^m \zeta_{i,k|k-1}\right) \tag{5-20}$$

$$\hat{R}_k = \left(1-d_k\right)\hat{R}_{k-1} + d_k\left(\varepsilon_k \varepsilon_k^{\mathrm{T}} - \Gamma_{11}\right) \tag{5-21}$$

$$P_{k|k} = P_{k|k-1} - K_k P_{11} K_k^{\mathrm{T}} \tag{5-22}$$

$$\hat{Q}_k = \left(1-d_k\right)\hat{Q}_{k-1} + d_k\left(K_k \varepsilon_k \varepsilon_k^{\mathrm{T}} K_k^{\mathrm{T}} + P_{k|k} - \Theta_{k|k-1}\right) \tag{5-23}$$

其中，$0<b<1$ 为遗忘因子。

文献[11]指出，Sage-Husa 自适应 UKF 算法不可能同时估计出真实的 Q 和 R，因为通过式(5-21)和式(5-23)迭代得到的 $\left\{\hat{R}_k\right\}$ 和 $\left\{\hat{Q}_k\right\}$ 序列与 R 和 Q 的实际值往往存在一个常值误差。但理论推导和仿真实验表明，当 R 已知时，可以反复迭代估计出 Q，因而可以将算法简化为带时变过程噪声估值器的 Sage-Husa 自适应 UKF 算法[12]。

5.2　AUV 水下 SLAM 算法滤波模型

5.2.1　运动学模型与特征模型

AUV 非线性运动学方程 $F\left(X_t\right)$ 的表达式可描述为

$$\begin{aligned}\dot{p}_N = &\left(\cos\psi\cdot C_{b11}^h+\sin\psi\cdot C_{b21}^h\right)v_{xb}\\ &+\left(\cos\psi\cdot C_{b12}^h+\sin\psi\cdot C_{b22}^h\right)v_{yb}+\left(\cos\psi\cdot C_{b13}^h+\sin\psi\cdot C_{b23}^h\right)v_{zb}\end{aligned} \tag{5-24}$$

$$\begin{aligned}\dot{p}_E = &\left(-\sin\psi\cdot C_{b11}^h+\cos\psi\cdot C_{b21}^h\right)v_{xb}\\ &+\left(-\sin\psi\cdot C_{b12}^h+\cos\psi\cdot C_{b22}^h\right)v_{yb}+\left(-\sin\psi\cdot C_{b13}^h+\cos\psi\cdot C_{b23}^h\right)v_{zb}\end{aligned} \tag{5-25}$$

$$\dot{v}_{xb}=a_{xb} \tag{5-26}$$

$$\dot{v}_{yb}=a_{yb} \tag{5-27}$$

$$\dot{v}_{zb}=a_{zb} \tag{5-28}$$

$$\dot{a}_{xb}=-\alpha_{xb}a_{xb} \tag{5-29}$$

$$\dot{a}_{yb}=-\alpha_{yb}a_{yb} \tag{5-30}$$

$$\dot{a}_{zb}=-\alpha_{zb}a_{zb} \tag{5-31}$$

$$\dot{\psi}=-\alpha_{\psi}\psi \tag{5-32}$$

其中，p_N、p_E 为 AUV 东向和北向北置；$[v_{xb}\quad v_{yb}\quad v_{zb}]^{\mathrm{T}}$ 为载荷系下 AUV 的速度；$[a_x\quad a_y\quad a_z]^{\mathrm{T}}$ 为载荷系下 AUV 的加速度；α_{xb}，α_{yb}，α_{zb} 为加速度的自相关系数；ψ 为 AUV 艏向；α_{ψ} 为艏向自相关系数；

$$C_b^h=\begin{bmatrix}\cos\theta & \sin\theta\sin\gamma & \sin\theta\cos\gamma\\ 0 & \cos\gamma & -\sin\gamma\\ -\sin\theta & \cos\theta\sin\gamma & \cos\theta\cos\gamma\end{bmatrix}$$

θ、γ 分别为纵倾角和横摇角；C_{bij}^h 为相应 C_b^h 矩阵中元素。

本章使用的特征数据来源于对结构化港口环境的测量，因而选用线特征来构建一个特征地图。由于环境中的线特征是静止的，所以特征模型为

$$X_k^{fj} = X_{k-1}^{fj} \tag{5-33}$$

5.2.2 观测模型

AUV 对环境的感知采用机械扫描成像声呐，其返回值直接表示在检测到线特征时刻以声呐发射头为原点的 AUV 艇体坐标系中，由于测量到新特征后需要进行数据关联，因此需要将地图中已经存在的线段特征转换到当前的艇体坐标系中。如图 5.3 所示，L_j 为 k 时刻观测到的环境中某一线段特征，其在全局坐标系下的极坐标为$[\rho_j^n \quad \theta_j^n]^{\mathrm{T}}$。设 k 时刻 AUV 的位姿坐标为$\left[p_{Nk} \quad p_{Ek} \quad \psi_k\right]^{\mathrm{T}}$，AUV 艇体坐标系下线段 L_j 的极坐标为$[\rho_{jk}^b \quad \theta_{jk}^b]^{\mathrm{T}}$，由图 5.3 易知，在 k 时刻有

$$\gamma_k = \sqrt{p_{Nk}^2 + p_{Ek}^2} \tag{5-34}$$

$$\beta_k = \arctan\left(\frac{p_{Nk}}{p_{Ek}}\right) \tag{5-35}$$

则

$$\rho_{jk}^b = \rho_j^n - \gamma_k \cdot \cos\left(\theta_j^n - \beta_k\right) \tag{5-36}$$

$$\theta_{jk}^b = \theta_j^n - \psi_k \tag{5-37}$$

从而观测模型为

$$Z_k = h\left(X_k\right) + v_k \tag{5-38}$$

由于建立观测方程时，观测矩阵是准确的，故不需要引入虚拟的观测噪声，故 v_k 为均值为零、方差为 R 的白噪声。而 $h\left(X_k\right)$ 如式(5-39)所示：

$$h\left(X_k\right) = \begin{bmatrix} \rho_j^n - \gamma_k \cdot \cos\left(\theta_j^n - \beta_k\right) \\ \theta_j^n - \psi_k \\ v_x \\ v_y \\ v_z \\ a_x \\ a_y \\ a_z \end{bmatrix} \tag{5-39}$$

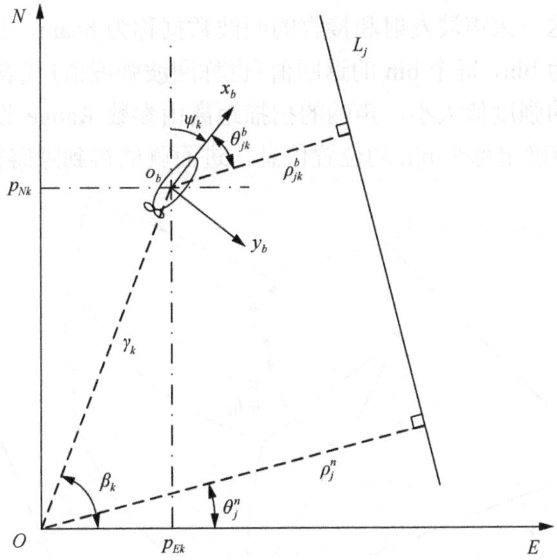

图 5.3 线段特征

5.3 前视声呐线特征提取算法

在地面或空中机器人的 SLAM 算法研究中，常用的探测环境的传感器包括激光测距仪、光学相机等。激光测距仪因其能感知环境点云信息在地面或空中机器人的 SLAM 算法中得到了广泛的应用。而光学相机的成本较低，且能够高精度感知环境细节信息，因此也得到了众多地面或空中机器人 SLAM 算法研究者的青睐。但是在水下环境中，由于传输介质的特殊性和复杂性，对 SLAM 算法采用的传感器也提出了不同的要求。光波在水中衰减快、传输距离短，即使在最清澈的海水中，也只能感知十几米到几十米距离范围内的物体。这就使得尽管存在噪声、混响和虚假反射等物理现象，但前视声呐、多波束声呐、侧扫声呐等以水声为介质的传感器在水下仍能适应复杂多变的环境，成为水下探测的最理想手段之一。本节主要针对搭载前视图像声呐的 AUV 水下 SLAM 算法开展相关阐述。

5.3.1 前视图像声呐工作方式

前视图像声呐按其工作方式可分为机械扫描成像声呐和电子扫描成像声呐，本节采用的是机械扫描成像声呐(又称单波束扫描成像声呐)。单波束扫描成像声呐的发射基阵，以步进方式旋转，声呐控制系统每发出一个旋转指令，声呐的发射头就顺时针或逆时针(可在参数中设置)转动一个步进角度。如图 5.4 所示，声呐头以一定的垂直张角和水平张角向探测区域发射一束声波脉冲，并停留片刻以接收回波数据。这一束声波发射和接收的回波数据称为 beam，把每 beam 上均匀分布的采样点称为 bin，每个 bin 的返回值(也称回波强度值)代表对应该声波到达位置上环境目标的强度值大小。声呐的扫描距离由参数 Range 设定，已知 Range 和 bin 数目，就能确定每个 bin 的位置信息，进而就能得到障碍物的位置信息。

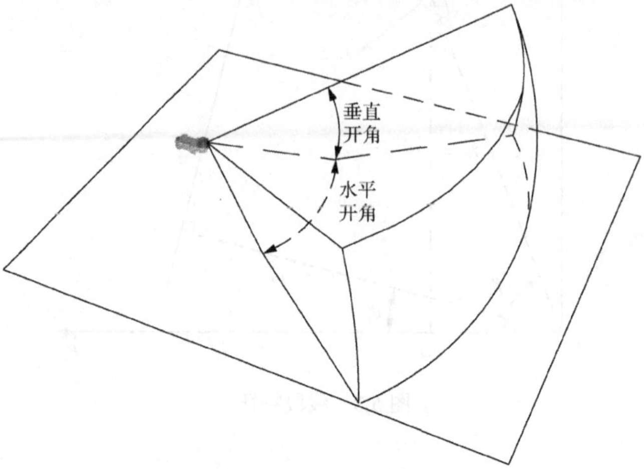

图 5.4　机械扫描成像声呐探测脉冲

在接收到回波之后，声呐头将再次旋转同样的角度，重复上述过程，直至从声呐扫描范围的一侧扫到另一侧，完成一个周期。由于单波束扫描成像声呐在各不同时刻一次仅能获取单个波束上的 bin 值，因此 AUV 的运动将导致各个不同时刻的 bin 值的参考原点发生变化，从而产生扇区图像运动失真。后面会介绍为校正失真而采用的方法。

前视图像声呐原始数据含有大量噪声及虚假反射，若直接从原始数据提取特征，不仅计算复杂度大，且易造成错误信息的提取，不利于后续处理。

声呐束预处理的目的就是初步地滤除噪声、减少干扰点、降低计算复杂度。声呐束预处理过程共分为阈值分割、寻找局部最大的 bin、剔除冗余点三步。

5.3.2　声呐数据处理

声呐接收到的原始数据往往伴随着噪声、混响、反射等干扰，直接从原始数据中提取特征会使计算量变得庞大且复杂，所以在提取特征前，需要对原始数据进行预处理以消除背景噪声并剔除虚假数据。

1. 阈值分割

声呐数据根据回波强度值(即 bin 的数值，大小为 0～255)可分为三个区域：

目标区域、背景区域和阴影区域。如图 5.5 所示，目标区域，即区域 B，回波强度值较高，对应生成的声呐图像上的高亮区域，区域的大小对应着实际探测区域内目标的大小。声呐发射的声波遇到障碍物目标后，被阻挡以至于无法到达的区域就称为阴影区域，即区域 C。声呐无法探知该区域的环境特征，因此回波强度值很小，对应声呐图像上的灰暗区域。背景区域的回波强度值介于目标区域和阴影区域之间，如区域 A 所示，反映的是目标周围海水或海底的信息。

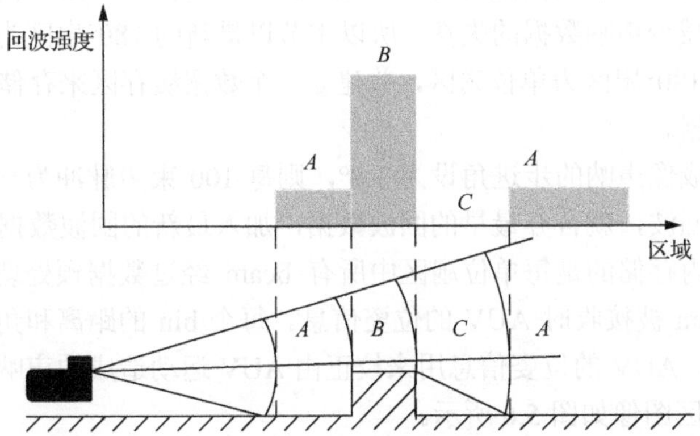

图 5.5　声呐扫描范围内各区域示意图

在背景区域中存在各种噪声，且干扰声呐准确获知障碍物目标的信息，因此在声呐数据预处理阶段，采用阈值分割方法去除背景区域噪声，减少后续处理中的计算量，降低计算复杂性。阈值分割的关键在于阈值的选择。阈值选择过低，输出背景信号比重较大，难以捕捉目标特征；阈值选择过高，可能会导致部分目标信息丢失。本章对每个 beam 采用最简单的二值化阈值分割，即取每个 beam 中所有 bin 中的最大值和最小值的中间值，如式(5-40)所示：

$$\text{bin\_threshold} = \text{bin\_min} + (\text{bin\_max} + \text{bin\_min})/2 \tag{5-40}$$

选择保留强度值高于阈值的 bin，剔除强度值低于阈值的 bin，完成噪声的初步滤除。

2. 寻找局部最大的 bin

阈值分割后，在高于阈值的数据中选择强度值局部最大的 bin，舍弃和强度最大值相差过大的数据，这是因为高强度值的数据点极大可能对应着环境中的障碍物目标。选取局部最大值，是因为一个波束可能检测到多个特征，使一个 beam 中可能得到多个高强度的 bin，如台阶或斜坡等结构。

3. 剔除冗余点

删除那些不满足“二者之间最小距离准则”的 bin。如果先前选择的两个 bin 之间的距离太近，则它们可能对应着同一个目标，因此去除多余的一个来降低算法的复杂度。

在声呐一个周期的声学图像中，单根线所能覆盖的最大扇区为 180°，相比于 360°扇区，完成 180°扇区扫描的时间不会太长，因此在 180°扇区内提取线特征是可行的且可以减少声呐数据的失真，所以本节以最新的 180°扇区为单位进行线特征提取。称这 180°扇区为单位扇区，并建立一个数据缓存区来存储、更新 180°扇区内的声呐数据。

机械扫描成像声呐的步进角设为 1.8°，则每 100 束声脉冲为一单位扇区，每新接收到一束回波，就舍弃最早的回波数据，加入最新的回波数据。

在缓存区内存储的是每单位扇区中所有 beam 经过数据预处理后保留下来的 bin 和每个 beam 被接收时 AUV 的位姿信息。每个 bin 的距离和角度信息用于后续的特征提取，AUV 的位姿信息用来校正由 AUV 运动造成的声呐数据的失真。存储的 180°扇区图像如图 5.6 所示。

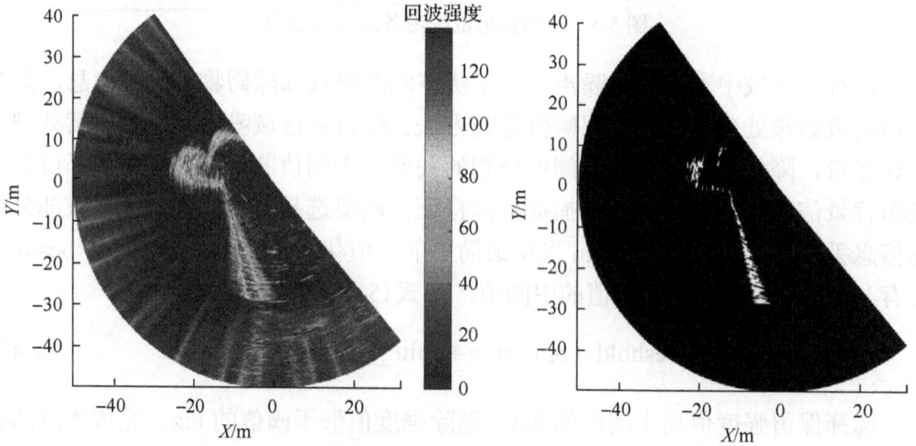

图 5.6　预处理后声呐图像

5.3.3　声呐数据坐标处理

声呐探测基本原理是利用回波信号与发射信号之间的时间差和声波在环境中的速度推断出声呐发射机到环境目标的距离，根据回波波前法线方向推知环境目标所在方位。每个 bin 包含的距离和方位值都基于各自传感器坐标系，需要将缓存区内的声呐数据点统一到同一个基准坐标系中。一般该坐标系的选择方法有两种。第一种是选择全局坐标系。这种方法更直观、简单，每个 beam 中的数据点只需要进行一次坐标变换。缺点就是随着 AUV 探测范围不断变大，距离初始位置越来越远，新数据点进行坐标转换时会有很大的偏差，影响计算精确度。第二种是选择最新接收到 beam 时，当前的 AUV 运动坐标系为基准坐标系。虽然 AUV 每次运动，缓存区内的所有数据点都要重新进行坐标变换，看似增加了计算量，但有效降低了变换误差，并有利于解决声呐数据失真的问题。实际上需要进行转换的数据并不多，且转换的计算过程并不复杂，所以第二种方法对于计算复杂度的影响并不大，所以本章选定以最新接收到 beam 时，当前 AUV 运动坐标系为基准坐标系 V，在特征提取阶段将缓存区内其余 beam 的数据点通过坐标转换表示在基准坐标系中。声呐数据的坐标变换如图 5.7 所示。

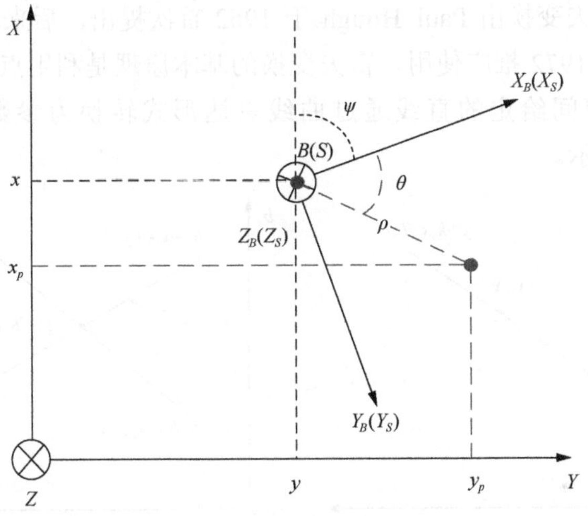

图 5.7　声呐数据坐标变换示意图

图 5.7 中 XYZ 为基准坐标系，$X_BY_BZ_B$ 为某时刻的 AUV 载体坐标系，$X_SY_SZ_S$ 为声呐传感器坐标系，将其近似为与 AUV 运动坐标系等同，数据点在声呐传感器坐标系下直接表示为 (ρ,θ)，(x,y,ψ) 为 AUV 在基准坐标系 V-XYZ 中的位姿，(x_p,y_p) 为声呐数据点在基准坐标系中的坐标。

将极坐标 (ρ,θ) 转换为直角坐标系下的表示方式 $(\rho\cos\theta,\rho\sin\theta)$，通过坐标变换可得到声呐数据点在基准坐标系 V-XYZ 下的坐标 (x_p,y_p)：

$$\begin{bmatrix} x_p \\ y_p \end{bmatrix} = \begin{bmatrix} x+\rho\cos\theta\cos\psi-\rho\sin\theta\sin\psi \\ y+\rho\cos\theta\sin\psi+\rho\sin\theta\cos\psi \end{bmatrix} \tag{5-41}$$

5.3.4 线特征提取

目前计算机视觉方面线特征提取的算法已经相对较为成熟，常见的特征提取算法有 Split-and-Merge、霍夫变换、RANSAC(random sample consesus，随机一致性采样)等算法。其中，霍夫变换是相对最成熟的算法，已经在图像处理和特征识别等领域有了广泛的应用，但仍存在计算量大和消耗内存等问题。本章针对算法实时性进行改进，引入 RANSAC 算法，以较少计算量来辅助特征提取。

1. 霍夫变换与投票算法

霍夫变换是能从图像中识别几何元素的图像处理方法之一，且十分适用于提取直线特征。霍夫变换由 Paul Hough 于 1962 首次提出，后来由 Richard Duda 和 Peter Hart 于 1972 推广使用。霍夫变换的基本原理是利用点与线的对偶性，即将原始图像空间给定的直线通过曲线表达形式转换为参数空间中的一个点，如图 5.8 所示。

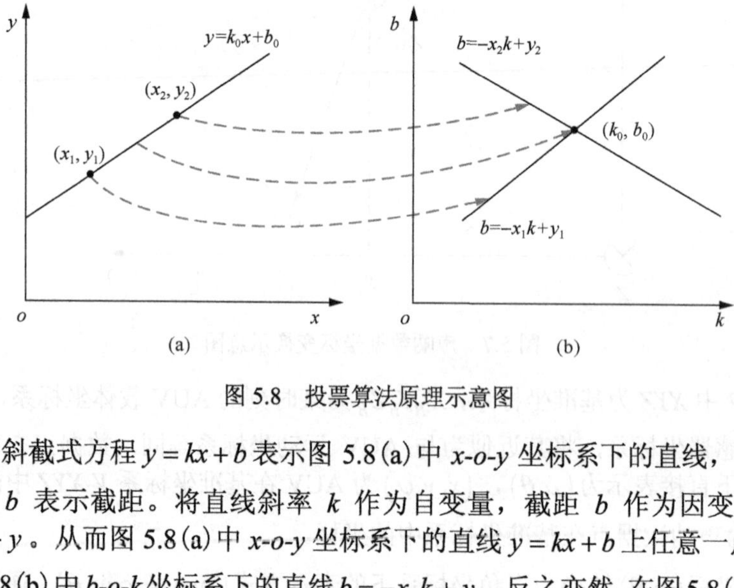

图 5.8　投票算法原理示意图

采用斜截式方程 $y=kx+b$ 表示图 5.8(a) 中 x-o-y 坐标系下的直线，其中 k 表示斜率，b 表示截距。将直线斜率 k 作为自变量，截距 b 作为因变量，则有 $b=-xk+y$。从而图 5.8(a) 中 x-o-y 坐标系下的直线 $y=kx+b$ 上任意一点 (x_0,y_0) 对应图 5.8(b) 中 b-o-k 坐标系下的直线 $b=-x_0k+y_0$，反之亦然。在图 5.8(a) 中 x-o-y 坐标系下直线 $y=k_0x+b_0$ 上选取任意两点 (x_1,y_1) 和 (x_2,y_2)，相应地，在图 5.8(b) 中分别对应直线 $b=-x_1k+y_1$ 和 $b=-x_2k+y_2$。由于点 (x_1,y_1)、点 (x_2,y_2) 都在直线 $y=k_0x+b_0$ 上，因此图 5.8(b) 中两条直线 $b=-x_1k+y_1$ 和 $b=-x_2k+y_2$ 的交点 (k_0,b_0) 即为直线 $y=k_0x+b_0$ 的斜率和截距。从而将图像空间的直线检测问题转化为在 b-o-k 空间内搜寻通过某一点 (k,b) 最多直线数的问题，从而定义图 5.8(b) 的

b-o-k 坐标系为投票空间。

当直线斜率为无穷大时，无法根据截式方程 $y=kx+b$ 构建有限的投票空间，因此图像中线特征提取算法采用直线的极坐标形式 $\rho = x\cos\theta + y\sin\theta$，也就是通过霍夫变换来解决这个问题。其中 ρ 为坐标原点到直线的垂直距离，θ 为直线的法线与 x 轴正向的夹角。从而将原始图像中的点映射为霍夫空间中的三角函数曲线。

如图 5.9 所示，经过霍夫变换，图像空间中直线特征 $y=k_0x+b_0$ 上任意两点 (x_1,y_1)、(x_2,y_2) 被映射为投票空间 ρ-o-θ 内两条三角函数曲线 $\rho = x_1\cos\theta + y_1\sin\theta$ 和 $\rho = x_2\cos\theta + y_2\sin\theta$，显见图像空间 x-o-y 中直线 $y=k_0x+b_0$ 的参数 (k_0,b_0) 与投票空间 ρ-o-θ 中两条三角函数曲线的交点 (ρ_0,θ_0) 一一对应。而对于任意一条直线，ρ 和 θ 的取值都是有限的，采用投票算法可在 ρ-o-θ 这一有限的投票空间中形成一簇有公共交点的曲线，该交点的坐标 (ρ,θ) 即为图像中直线特征参数。

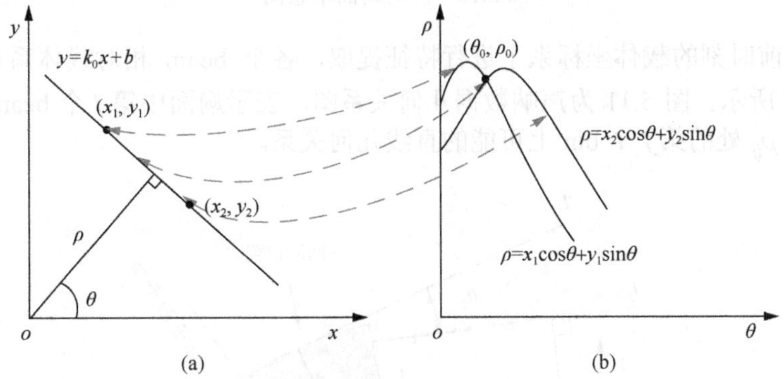

图 5.9　霍夫变换原理示意图

2. 标准霍夫变换和声呐投票模型

对于机械扫描声呐，声呐每次只发出一个 beam，因此需要积累一定的 beam 才能使数据中含有一条足够明显的直线特征。虽然因 AUV 的运动每个 beam 的原点坐标均不相同，但多个 beam 大致组成一个扇面。因此，特征提取在一个扇面中进行。试验表明，当扇面角度低于 120°时，直线特征难以充分观测；当扇面角度大于 180°时，直线特征将会出现重复观测，甚至由于计算量过大难以保证特征提取的实行性。因此，选择最新的 180°左右的扇面数据对特征提取较为合适。载体系(图 5.10 中 $X_BO_BY_B$ 坐标系)下声呐扇面如图 5.10 所示(reg_i 为第 i 个波束相对当前时刻载体艏向的转角)。

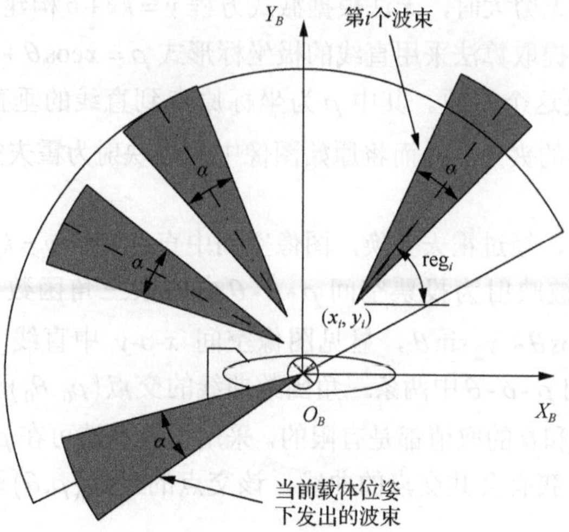

图 5.10　声呐扇面示意图

在当前时刻的载体坐标系下进行特征提取，各个 beam 相对载体系几何关系如图 5.11 所示。图 5.11 为声呐数据几何关系图，表示扇面中第 i 个 beam 上距离波束原点 ρ_{ij} 处的第 j 个 bin 上可能的直线几何关系。

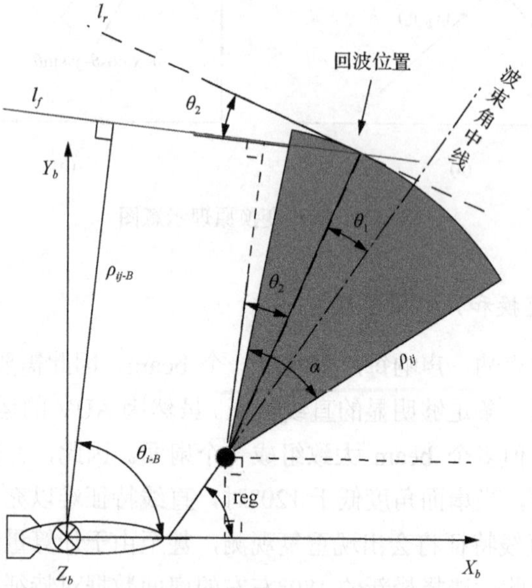

图 5.11　声呐数据几何关系图

在图 5.11 中，只是将波束角放大以展示几何关系，但实际上声呐波束角较小，声呐作用距离较远，回波位置可能在波束扇面上任何位置，图中用 θ_1（回波位置与波束原点的连线和波束角中线的夹角）表示回波位置在波束扇面上的具体位置，其取值范围为 $-\frac{\alpha}{2} \leqslant \theta_1 \leqslant \frac{\alpha}{2}$；进行投票时，对过波束扇面上回波位置的所有直线特征进行投票，确定该点在波束上的切线（即图中切线 l_r），图中用 θ_2（可能的直线特征 l_f 与切线 l_r 的夹角）确定可能的直线特征，θ_2 取值范围为 $-90° \leqslant \theta_2 \leqslant 90°$；实际情况下，当声呐波束入射角大于 60°时收到大回波强度的可能性较小，因此 θ_2 取值范围可限定在 $-60° \leqslant \theta_2 \leqslant 60°$。通过几何关系可以计算直线特征在载体系下的参数：

$$\begin{aligned} \theta_{i\text{-}B} &= \text{reg} + \theta_1 + \theta_2 \\ \beta_{ij\text{-}B} &= x_i \cos\theta_{i\text{-}B} + y_i \sin\theta_{i\text{-}B} + \beta_{ij} \cos\theta_2 \end{aligned} \tag{5-42}$$

通过该式可计算过每个声呐点的所有可能的直线特征，从而进行投票。

新的 beam 出现，即扇面数据更新时，如果新的 beam 中存在明确的障碍物数据，初始化投票空间对新的扇面数据进行霍夫变换。声呐图像线特征投票结果和声呐图像线特征提取结果如图 5.12 和图 5.13 所示。

3. 声呐模型的累加概率霍夫变换

针对标准霍夫变换计算量大、效率低的特点，研究人员提出了各种改进的方式，累加概率霍夫变换（progressive probabilistic Hough transform，PPHT）便是其中一种。PPHT 本质是加入随机采样思想的霍夫变换，其核心思想在文献[13]中已有详细叙述，针对声呐特点噪声明显的特点，对其进行改进，具体步骤如下：

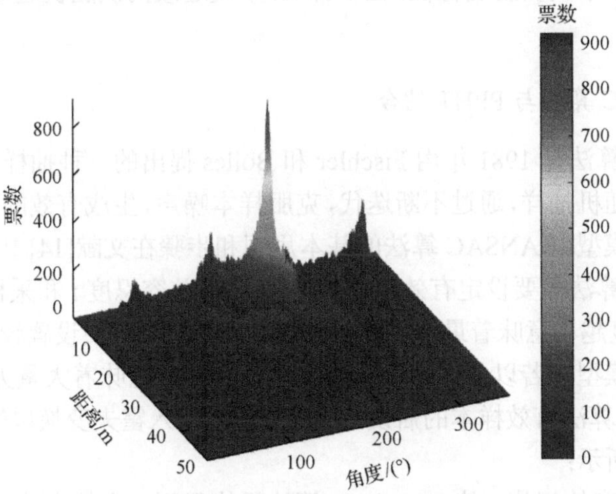

图 5.12　声呐图像线特征投票结果

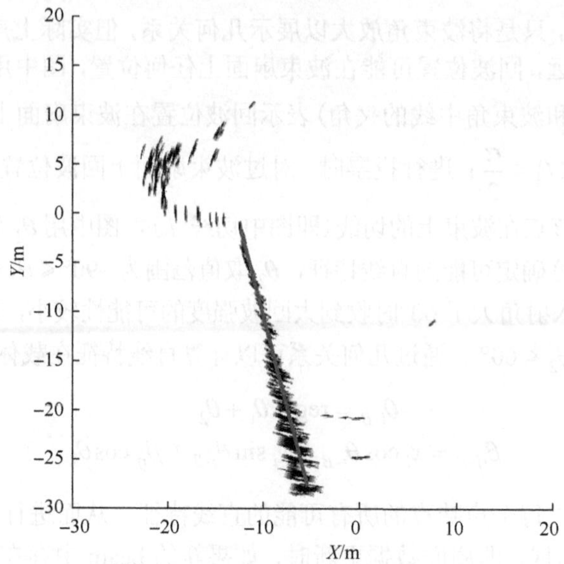

图 5.13　声呐图像线特征提取结果

(1) 与标准霍夫变换相同，建立霍夫空间，同时将处理后的声呐数据中的高回波强度点作为一个集合。

(2) 判断集合的势是否过小，若过小，算法结束，否则在集合中随机选出一个回波强度点按标准霍夫变换进行投票，完成后从集合中删除该点。

(3) 检测霍夫空间，若空间内出现票数大于阈值的点，提取对应的直线特征，同时累加器清零；若空间内未出现票数大于阈值的点，返回步骤(2)。为尽可能使随机的投票集中于真实直线特征，在步骤(2)中使连续两次随机选取的点不在同一 beam 上。

4. RANSAC 算法与 PPHT 结合

RANSAC 算法是 1981 年由 Fischler 和 Bolles 提出的一种抽样算法，采用该算法对样本进行随机抽样，通过不断迭代，克服样本噪声，生成有效的样本(有效集)，提取样本几何模型。RANSAC 算法的基本思想和步骤在文献[14]中已有详细叙述。

RANSAC 算法需要设定有效集的势阈值 k、误差容忍度 t 和采样次数 i 三个参数。误差容忍度越小意味着最终特征模型越准确，同时需要设置较高的 i，以保证能得到准确的模型，若以此作为算法的终止条件，则意味着大量无意义的运算。受到 RANSAC 算法有效样本的启发，将有效样本引入霍夫变换以辅助投票。算法核心步骤如下所示：

(1) 设置较高的阈值 t 使 RANSAC 算法尽快得到一个能大致反映真实直线特

征的有效集，该集合对应的直线特征与真实特征可以有一定的误差。与 RANSAC 算法结合的霍夫变换本身也有在一定噪声下提取准确直线的能力，RANSAC 算法只需确定一个能大致反映直线特征整体趋势的有效集即可，因此可以设置较高的阈值 t，但对应的阈值 k 需较高以保证直线模型比较接近真实直线特征，同时设定较小的阈值 i 来减少声呐数据中不存在直线特征时算法中不必要的迭代。

(2) 针对声呐特征改进采样方式以减少无效的采样。对样本集进行随机采样时，为在尽可能少的采样次数内得到接近真实直线特征的直线模型，使每次采样的两点不在同一 beam 上且两个 beam 间有一定间隔。

(3) 减小投票空间的参数范围从而减少无效的投票。当得到步骤(1)中的有效集后，该集合对应的直线模型即直线特征与真实特征虽有一定的误差，但由于步骤(1)中设置了较大的阈值 k，可保证误差必然在一定的范围内，可利用该误差范围限定投票参数范围。例如，步骤(1)的直线模型与真实直线特征角度误差为±30°，可将投票空间内角度参数范围减少到此 60° 跨度的范围，从而减少大量无意义的投票。

(4) 基于前述的声呐投票模型，利用 PPHT 进行投票以减少计算量。

(5) 算法终止条件：若 PPHT 提取到直线特征，则终止算法；若 PPHT 未提取到直线特征或步骤(1)中在指定的迭代次数内未找到所需的直线模型，则终止算法。

该算法提取直线的效果如图 5.14 所示。

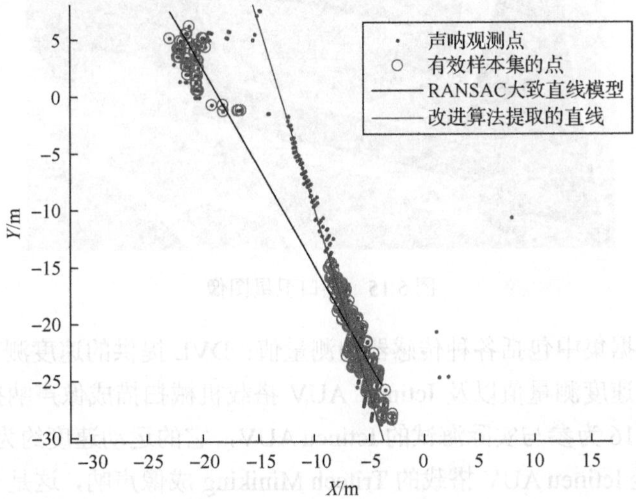

图 5.14　改进算法线特征提取效果

由图 5.14 可见，RANSAC 算法确定了一个能大致反映真实直线特征有效集和存在一定误差的直线模型(图 5.14 中空心点构成有效集，实线为有效集对应的直线模型)，集合大部分点都位于准确直线特征上，虽然并未囊括准确的直线特征上所有点，但凭借有效样本集内的点进行概率霍夫变换，仍能提取出十分接近准确特征的直线。三种算法在 MATLAB 中效率对比如表 5.1 所示。

表 5.1　三种算法对比

算法	运行时间 t/s
RANSAC	0.151085
PPHT	0.334185
改进算法	0.124833

表 5.1 中，算法的运行时间为 10 次运行时间的平均值，可见改进算法效率优于 PPHT，稍高于 RANSAC，具有较高的可行性。

5.4　仿真试验分析

本章采用西班牙 Girona 大学提供的 abandoned marina 数据集进行 EKF-SLAM 算法验证。该港口为结构化环境，主要由堤坝等垂直面组成，在机械扫描成像声呐提供的声学图像中，表现为线特征，如图 5.15 所示。

图 5.15　港口卫星图像

该开放数据集中包括各种传感器的测量值：DVL 提供的速度测量值，MTi 提供的角度和加速度测量值以及 Ictineu AUV 搭载机械扫描成像声呐探测得到的声呐数据。图 5.16 为参与实际海试的 Ictineu AUV，它的运动速度约为 0.2m/s。

图 5.17 是 Ictineu AUV 搭载的 Tritech Miniking 成像声呐，这是一种小型机械扫描成像声呐，适用于水下避障、水下目标识别等任务。它能发射扇形波束(水平张角为 3°，垂直张角为 40°)在二维平面内旋转扫描获取扫描范围内目标尺寸、形

状等信息。该声呐安装在 Ictineu AUV 的前端，以保证清晰的视野，设定的步进角为 1.8°，扫描周期为 360°，一个周期内共接收 100 束回波。声呐波束射程为 50m，设定距离分辨率为 0.1m，即每 0.1m 返还一个强度值。

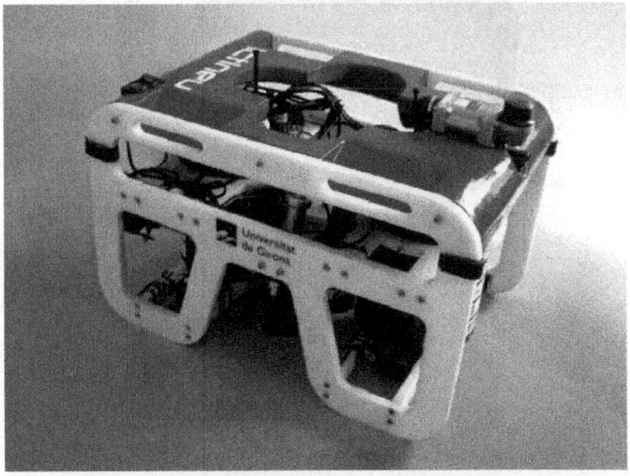

图 5.16　Ictineu AUV

图 5.17　Tritech Miniking 成像声呐

图 5.18 是 Ictineu AUV 搭载的 SonTek Argonaut DVL。这是一种基于多普勒频移效应的精密测速传感器。它可以测量海流、航行器的速度，并能自主分析测量值的质量，剔除错误的测量数据，生成状态值。除此之外，该装置同时配备了罗盘、压力传感器、温度传感器等，使其功能全面。该 DVL 小巧、低能耗，十分适合水下航行器导航。其测量输出频率为 1.5Hz。

图 5.19 是 Ictineu AUV 搭载的陀螺仪 Xsens MTi 运动参考单元。该加强版陀螺仪成本低、小巧，可以提供 3 自由度方向上的角度、角速度和角加速度测量值。系统以 10Hz 的频率从 MTi 获取测量数据。

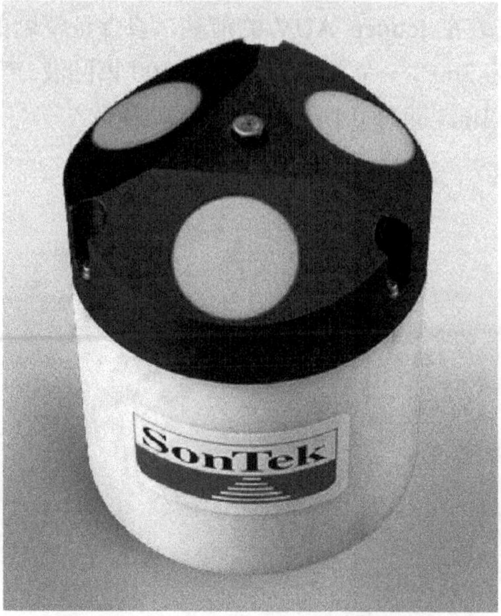

图 5.18　SonTek Argonaut DVL

图 5.19　Xsens MTi 运动参考单元

5.4.1　坐标系与子地图

建立如图 5.20 所示的坐标系，图中 XYZ 坐标系为全局坐标系，X 轴、Y 轴、Z 轴分别指向北向、东向和地向，同时建立子地图坐标系，图中 $X_iY_iZ_i$ 坐标系即第 i 个子地图坐标系，子地图坐标系与全局坐标系的指向相同，特征提取坐标系如上面所述基于载体坐标系，即图中 $X_bY_bZ_b$ 坐标系。各个坐标系、载体运动和特征关系如图 5.20 所示。

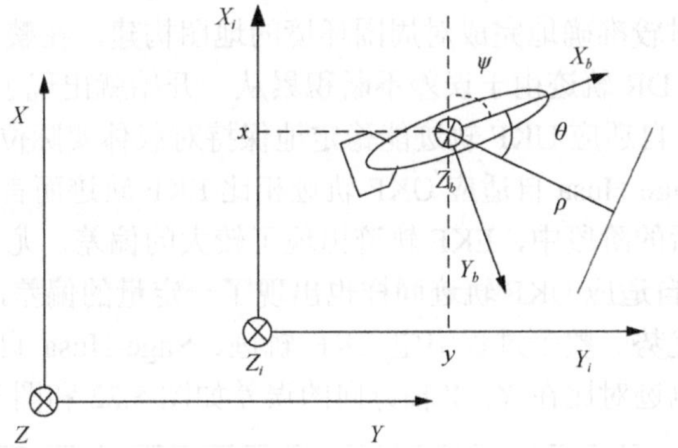

图 5.20　坐标系示意图

建立子地图能在保持地图准确性的前提下更好地保证系统的连贯性，同时能有效地索引特征。如果地图全部基于同一坐标系，极坐标系下数据在特征相距较远的情况下，对角度计算误差会被放大，可能造成特征匹配出现错误，因此需要使用子地图。

5.4.2　仿真试验与分析

该实验中前视声呐作用距离为 50m，距离分辨率为 0.1m，声呐扫描过程中每次转动 1.8°，试验数据包括 GPS 数据、声呐的数据、DVL 测得的载体速度和载体姿态，利用这些数据进行水下 SLAM 算法，结果如图 5.21 所示。

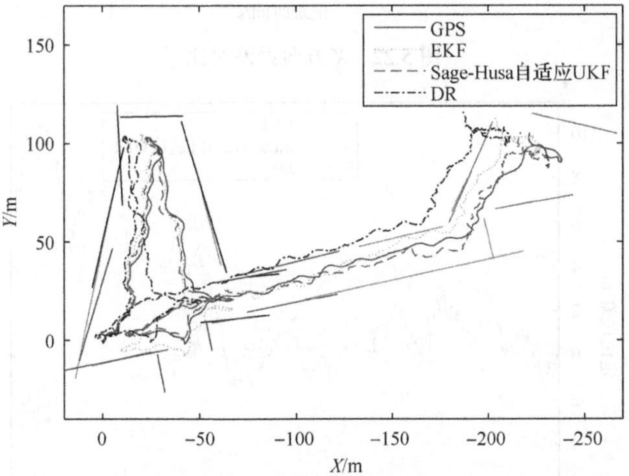

图 5.21　各种算法轨迹对比

在仿真实验过程中，RANSAC 改进算法很好地完成了特征提取的过程并以此进行了 SLAM 仿真。图 5.21 中展示了 GPS 轨迹、EKF 估计、Sage-Husa 自适应 UKF 估计和推位导航(DR)的轨迹，Sage-Husa 自适应 UKF 能有效地实现对载体位置的跟踪，同时较准确地完成对周围环境的地图构建。在整个算法过程中，与 GPS 轨迹相对比，DR 轨迹由于误差不断积累从一开始就出现了较大的偏差，EKF 轨迹和 Sage-Husa 自适应 UKF 轨迹能稳定地保持对载体实际位置的准确估计，在后续的观测中，Sage-Husa 自适应 UKF 轨迹相比 EKF 轨迹而言更加稳定，趋势也更加平滑，在最后的阶段中，EKF 轨迹出现了较大的偏差，尤其是在 Y 轴方向的误差，Sage-Husa 自适应 UKF 轨迹同样也出现了一定量的偏差，但相比 EKF 轨迹而言仍有较大的优势。整个过程中定 EKF 轨迹、Sage-Husa 自适应 UKF 轨迹和 DR 轨迹与 GPS 轨迹对比在 X、Y 轴方向的误差如图 5.22 和图 5.23 所示。

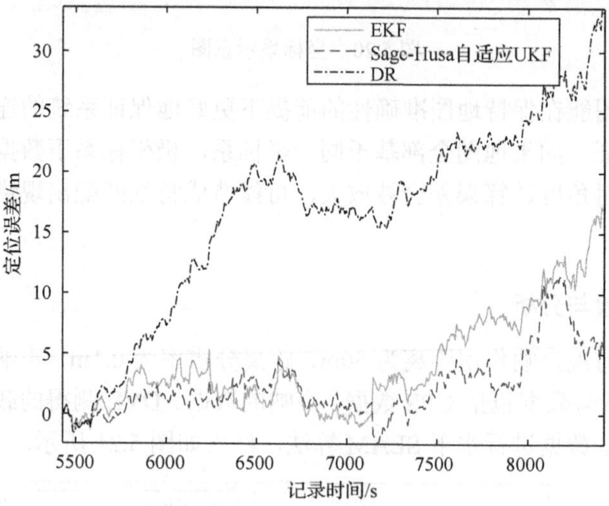

图 5.22　X 方向误差对比

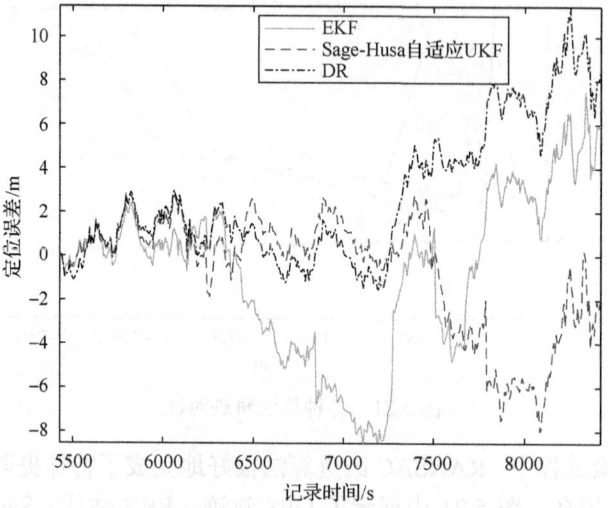

图 5.23　Y 方向误差对比

整体上来讲，Sage-Husa 自适应 UKF 算法的定位准确度相对最高，误差总体上控制在一个相对较小的范围内；EKF 算法在后期误差积累较为严重，但仍有明显的修正作用。在水下结构化环境中，利用声呐扫描周围环境，通过将 RANSAC 与 PPHT 相结合能在保证直线提取准确性的前提下更有效地改进特征提取的效率，保证 SLAM 算法的实时性，提高算法的速度。Sage-Husa 自适应 UKF 算法能有效地提高水下 SLAM 算法精度，通过对特征的持续观测实现对载体的准确定位与对环境的一致性建图。

参 考 文 献

[1] Ribas D. Underwater SLAM for Structured Environments Using Imaging Sonar[D]. Girona: Girona University, 2008.

[2] Guivant J E. Efficient Simultaneous Localization and Mapping in Large Environment[D]. Sydney: The University of Sydney, 2002.

[3] Tully S, Moon H, Kantor G, et al. Iterated filters for bearing-only SLAM[C]. IEEE International Conference on Robotics and Automation, Piscataway, 2008: 1442-1448.

[4] Kang J G, Choi W S, An S Y, et al. Augmented EKF based SLAM method for improving the accuracy of the feature map[C]. IEEE/RSJ International Conference on Intelligent Robots and Systems, Piscataway, 2010: 3725-3731.

[5] Chanier F, Checchin P, Blanc C, et al. Comparison of EKF and PEKF in a SLAM context[C]. International IEEE Conference on Intelligent Transportation Systems, Piscataway, 2008: 1078-1083.

[6] 石勇，韩崇昭. 自适应 UKF 算法在目标跟踪中的应用[J]. 自动化学报, 2011, 37(6): 755-759.

[7] 杨波，王跃钢，单斌. 长航时环境下高精度组合导航方法研究与仿真[J]. 宇航学报, 2011, 32(5): 1054-1059.

[8] 崔平远，冯军华，朱圣英. 基于三维地形匹配的月球软着陆导航方法研究[J]. 宇航学报, 2011, 32(3): 470-476.

[9] 赵卓，刘明雍，赵涛. 自适应算法在捷联惯导初始对准中的应用[J]. 火力与指挥控制, 2011, 36(2): 78-80.

[10] 孙尧，张强，万磊. 基于自适应 UKF 算法的小型水下机器人导航系统[J]. 自动化学报, 2011, 37(3): 342-353.

[11] 王永刚，王顺宏. 改进 Sage-Husa 滤波及在 GPS/INS 容错组合制导中的应用[J]. 中国惯性技术学报, 2003, 11(5): 29-32.

[12] 李振营，沈毅，胡恒章. 带未知时变噪声系统的卡尔曼滤波算法研究[J]. 系统工程与电子技术, 2000, 26(1): 160-162.

[13] 陈军，杜焕强，张长江. 基于概率霍夫变换的车道检测技术研究[J]. 科技通报, 2016, (3): 194-199.

[14] 李宝，程志全，党岗，等. 一种基于 RANSAC 的点云特征线提取算法[J]. 计算机工程与科学, 2013, 35(2): 147-153.

第6章　基于单领航者相对距离测量的多AUV协同导航定位算法

多领航者协同导航定位虽然能够有效地提高低精度水下航行器的导航定位精度，但是其要求至少有两个主领航者。为更简化协同导航系统，单领航者 AUV 协同导航定位模式日益受到学界重视。而基于单领航者相对距离测量的多 AUV 协同导航方法就是一种主从式多 AUV 协同导航方法，本章针对单领航者相对距离测量的多 AUV 协同导航定位算法展开研究，建立基于定位误差的单领航者协同导航定位系统数学模型，并基于迟滞状态容积 Kalman 滤波实现单领航者协同导航系统的数据融合策略，最后通过仿真实验对其进行验证。

6.1　系统网络与定位原理

基于单领航者相对位置测量的多 AUV 协同导航系统原理如图 6.1 所示，领航者 AUV(master AUV，MAUV)装备了水下 SINS/DVL 高精度组合导航定位设备，而跟随者 AUV(slave AUV，SAUV)配备的导航定位设备为精度较低的电磁罗经/DVL 推位导航系统。而 r_k^{MS} 、r_{k-1}^{MS} 和 r_{k-2}^{MS} 分别是领航者 AUV 和跟随者 AUV 间利用水声通信系统在不同时刻测出的相对距离信息。根据上述量测信息并结合 AUV 的运动学方程，利用数据融合方法就可以求取各跟随者 AUV 在不同采样时刻的定位误差估计。

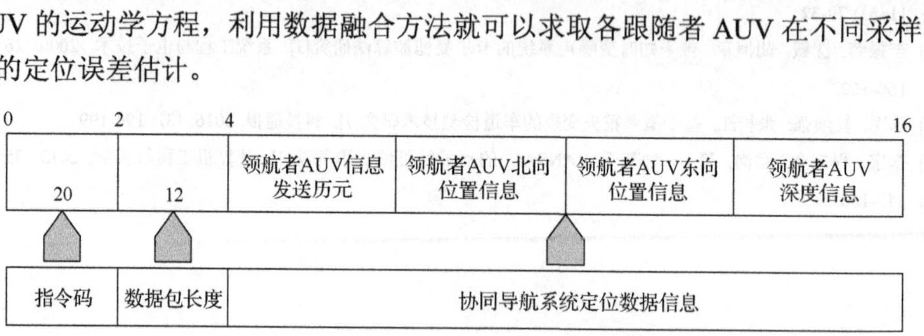

图 6.1　水下协同导航广播信息结构

协同导航系统采用北-东-地(*NED*)导航坐标系，如图 6.1 所示，协同导航系统定位数据信息包括指令码、数据包长度、领航者 AUV 信息发送历元 t_{MAUV} 以及领航者 AUV 在 *NED* 坐标系下的三维位置坐标信息共 6 个信息字段。其中“20”为协同导航广播信息的指令码，MAUV 信息发送历元 t_{MAUV} 为 MAUV 的广播信息发送时刻，每个信息字段均占用 3 字节数据。如图 6.2 所示，AUV 编队在初始水面航行阶段首先利用北斗或 GPS 卫星导航系统进行时间对准，从而在编队潜航阶段，SAUV 可以利用 MAUV 导航信息的发送历元并基于自身的计时信息计算出单程测距信息，如式(6-1)所示：

$$\text{range} = c\left(t_{\text{SAUV}} - t_{\text{MAUV}}\right) \tag{6-1}$$

其中，range 为单程测距信息；c 为水下声速信息；t_{MAUV} 为 MAUV 导航信息发送历元；t_{SAUV} 为 SAUV 的计时信息。

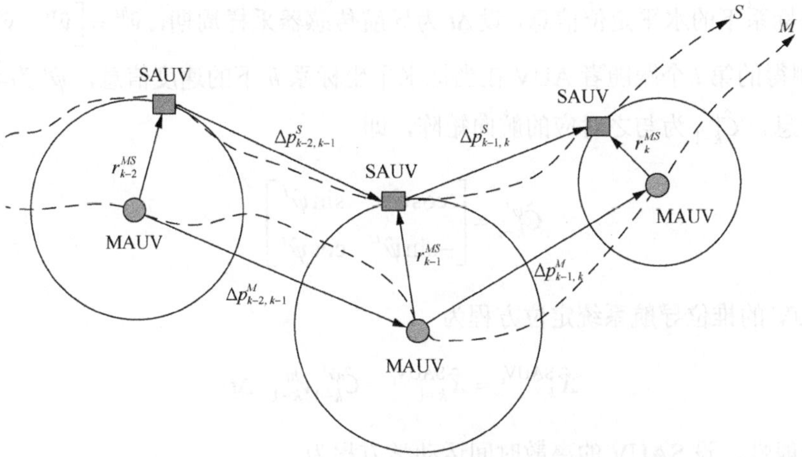

图 6.2　基于单领航者相对位置测量的多 AUV 协同导航系统

协同导航网络拓扑如图 6.3 所示，其中 M 为 MAUV，$S_i\,(i=1,2,\cdots,n)$ 为 SAUV。

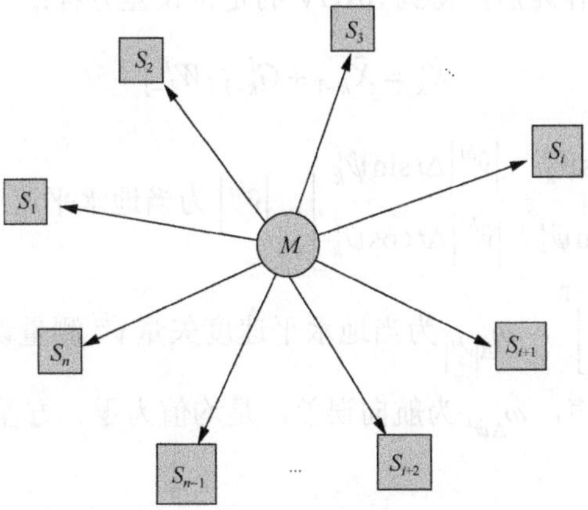

图 6.3　基于单领航者相对位置测量的多 AUV 协同导航网络

6.2 滤波模型定义与性能分析

一般而言，AUV 的深度信息可由深度计测得，因此不失一般性，可以假设 n 个 SAUV（记为 $\mathrm{SAUV}_1,\cdots,\mathrm{SAUV}_n$）与 1 个 MAUV（记为 MAUV）组成的编队位于同一深度平面上。

6.2.1 基于位置误差的滤波模型

设 $\hat{X}^{\mathrm{SAUV}_i}=\begin{bmatrix}\hat{x}^{\mathrm{SAUV}_i} & \hat{y}^{\mathrm{SAUV}_i}\end{bmatrix}^{\mathrm{T}}$ $(i=1,2,\cdots,n)$ 为 SAUV 的推位导航系统在 *NED* 导航坐标系下的水平定位信息，设 Δt 为导航传感器采样周期，$\hat{v}^{hi}=\begin{bmatrix}\hat{v}^{xi} & \hat{v}^{yi}\end{bmatrix}^{\mathrm{T}}$ 为 DVL 测得的第 i 个跟随者 AUV 在当地水平坐标系 h 下的速度信息，$\hat{\psi}^i$ 为其航向测量信息，$\hat{C}_{k-1}^{\psi^i}$ 为与之对应的航向矩阵，即

$$\hat{C}_{k-1}^{\psi^i}=\begin{bmatrix}\cos\hat{\psi}^i & \sin\hat{\psi}^i \\ -\sin\hat{\psi}^i & \cos\hat{\psi}^i\end{bmatrix} \tag{6-2}$$

则 SAUV 的推位导航系统定位方程为

$$\hat{X}_k^{\mathrm{SAUV}_i}=\hat{X}_{k-1}^{\mathrm{SAUV}_i}+\hat{C}_{k-1}^{\psi^i}\hat{v}_{k-1}^{hi}\cdot\Delta t \tag{6-3}$$

不失一般性，设 SAUV 的离散时间运动学方程为

$$X_k^{\mathrm{SAUV}_i}=X_{k-1}^{\mathrm{SAUV}_i}+C_{k-1}^{\psi^i}v_{k-1}^{hi}\cdot\Delta t \tag{6-4}$$

则式(6-3)和式(6-4)作差后，得到 SAUV 的定位误差方程：

$$\tilde{X}_k^i=\tilde{X}_{k-1}^i+G_{k-1}^i\cdot W_{k-1}^i \tag{6-5}$$

其中，$G_{k-1}^i=\begin{bmatrix}\Delta t\cos\hat{\psi}_k^i & \left|\hat{v}^{hi}\right|\Delta t\sin\hat{\psi}_k^i \\ -\Delta t\sin\hat{\psi}_k^i & \left|\hat{v}^{hi}\right|\Delta t\cos\hat{\psi}_k^i\end{bmatrix}$，$\left|\hat{v}^{hi}\right|$ 为当地水平速度测量矢量 $\hat{v}^{hi}$ 的模；$W_{k-1}^i=\begin{bmatrix}\omega_{\Delta\left|v^{hi}\right|} & \omega_{\Delta\psi^i}\end{bmatrix}^{\mathrm{T}}$，$\omega_{\Delta\left|v^{hi}\right|}$ 为当地水平速度矢量 v^{hi} 测量误差，是均值为零、方差为 $\sigma_{\Delta\left|v^{hi}\right|}^2$ 的白噪声，$\omega_{\Delta\psi^i}$ 为航向误差，是均值为零、方差为 $\sigma_{\Delta\psi^i}^2$ 的白噪声；

$\tilde{X}_k^i = \begin{bmatrix} \tilde{x}_k^i & \tilde{y}_k^i \end{bmatrix}^{\mathrm{T}}$，从而式(6-5)的系统噪声方差矩阵为

$$Q_k^i = E\left(G_{k-1}^i W_{k-1}^i \cdot \left(W_{k-1}^i\right)^{\mathrm{T}} \left(G_{k-1}^i\right)^{\mathrm{T}} \right) = \hat{C}_{k-1}^{\psi^i} \begin{bmatrix} \left(\Delta t \sigma_{\Delta\left|v^{hi}\right|}\right)^2 & 0 \\ 0 & \left(\Delta t \left|\hat{v}^{hi}\right| \sigma_{\Delta\psi^i}\right)^2 \end{bmatrix} \left(\hat{C}_{k-1}^{\psi^i}\right)^{\mathrm{T}} \tag{6-6}$$

设 $X^{\mathrm{MAUV}} = \begin{bmatrix} x^{\mathrm{MAUV}} & y^{\mathrm{MAUV}} \end{bmatrix}^{\mathrm{T}}$ 为 MAUV 的高精度导航系统在 *NED* 导航坐标系下的水平定位信息，由于单领航者协同导航模式以 MAUV 的位置信息为基准对 SAUV 的位置进行校正，因此不失一般性，设 MAUV 的定位误差为零，进而假设在每个采样时刻，第 i 个 SAUV 均可以获得其自身相对于 MAUV 的测距信息 Z_k^i，则观测模型为

$$Z_k^i = \sqrt{\left(x^{\mathrm{SAUV}_i} - \tilde{x}_k^i - x^{\mathrm{MAUV}}\right)^2 + \left(y^{\mathrm{SAUV}_i} - \tilde{y}_k^i - y^{\mathrm{MAUV}}\right)^2} + V_k^i \tag{6-7}$$

其中，V_k^i 是均值为零、方差为 $\sigma_{\mathrm{SONAR}}^2$ 的测距白噪声。

6.2.2　协同导航系统定位误差的上界

令 $\Delta x_k^i = x^{\mathrm{SAUV}_i} - x^{\mathrm{MAUV}}$，$\Delta y_k^i = y^{\mathrm{SAUV}_i} - y^{\mathrm{MAUV}}$，并将式(6-7)改写为

$$Z_k^i = \sqrt{\left(\Delta x_k^i - \tilde{x}_k^i\right)^2 + \left(\Delta y_k^i - \tilde{y}_k^i\right)^2} + V_k^i \tag{6-8}$$

其线性化方程为

$$\tilde{Z}_k^i = \begin{bmatrix} \dfrac{\Delta x_k^i}{\Delta r_k^i} & \dfrac{\Delta y_k^i}{\Delta r_k^i} \end{bmatrix} \begin{bmatrix} \tilde{x}_k^i \\ \tilde{y}_k^i \end{bmatrix} + V_k^i \tag{6-9}$$

其中，$\Delta r_k^i = \sqrt{\left(\Delta x_k^i\right)^2 + \left(\Delta y_k^i\right)^2}$，$\tilde{Z}_k^i = Z_k^i - \Delta r_k^i$。

由 EKF 状态协方差矩阵的时间更新与量测更新有

$$P_{k|k}^i = P_{k|k-1}^i - P_{k|k-1}^i H_i^{\mathrm{T}} \left(H_i P_{k|k-1}^i H_i^{\mathrm{T}} + R_k^i \right)^{-1} H_i P_{k|k-1}^i \tag{6-10}$$

其中，$H_i = \begin{bmatrix} \dfrac{\Delta x_{k-1}^i}{\Delta r_{k-1}^i} & \dfrac{\Delta y_{k-1}^i}{\Delta r_{k-1}^i} \\ \dfrac{\Delta x_k^i}{\Delta r_k^i} & \dfrac{\Delta y_k^i}{\Delta r_k^i} \end{bmatrix}$，$R_k^i = \begin{bmatrix} \sigma_{\text{SONAR}}^2 & 0 \\ 0 & \sigma_{\text{SONAR}}^2 \end{bmatrix}$。

结合状态方程式(6-5)有

$$P_{k|k-1}^i = P_{k-1|k-1}^i + Q_{k-1}^i \tag{6-11}$$

从而有

$$P_{k|k-1}^i = P_{k-1|k-2}^i - P_{k-1|k-2}^i H_i^{\mathrm{T}} \left(H_i P_{k-1|k-2}^i H_i^{\mathrm{T}} + R_k^i \right)^{-1} H_i P_{k-1|k-2}^i + Q_{k-1}^i \tag{6-12}$$

单调性引理：若存在矩阵 Q^{u} 和 R^{u}，使得系统协方差矩阵 Q_k 和观测协方差矩阵 R_k 分别满足 $Q_k \leqslant Q^{\mathrm{u}}$ 和 $R_k \leqslant R^{\mathrm{u}}$，则对于给定初始条件 P_0 的 Riccati 方程

$$P_k = P_{k-1} - P_{k-1} H^{\mathrm{T}} \left(H P_{k-1} H^{\mathrm{T}} + R_k \right)^{-1} H P_{k-1} + Q_{k-1}$$

的解存在上界 P^{u}，使得 $P_k \leqslant P^{\mathrm{u}}$。

证明：设 $R_2 \leqslant R_1$，又协方差矩阵 P 和系统误差协方差矩阵 Q 均为(半)正定矩阵，则利用线性矩阵不等式，有

$$HPH^{\mathrm{T}} + R_1 \geqslant HPH^{\mathrm{T}} + R_2$$

又由(半)正定矩阵性质有

$$PH^{\mathrm{T}} \left(HPH^{\mathrm{T}} + R_1 \right)^{-1} HP \leqslant PH^{\mathrm{T}} \left(HPH^{\mathrm{T}} + R_2 \right)^{-1} HP$$

因此

$$P - PH^{\mathrm{T}} \left(HPH^{\mathrm{T}} + R_1 \right)^{-1} HP + Q \geqslant P - PH^{\mathrm{T}} \left(HPH^{\mathrm{T}} + R_2 \right)^{-1} HP + Q$$

对 P_k 运用数学归纳法即可证得结论成立。

由单调性引理可知只需证明 Q_k^i 和 R_k^i 存在上界，则基于单领航者相对距离测量的多 AUV 协同导航的定位误差 P_k 具有上界。本书提出的基于定位误差的协同定位滤波模型中观测误差协方差矩阵 R_k^i 为常值，因此显然是有界的，只需考虑 Q_k^i 是否有上界。由式(6-6)显见 Q_k^i 的特征值为 $\left(\Delta t \sigma_{\Delta |v^{hi}|} \right)^2$ 和 $\left(\Delta t \left| \hat{v}^{hi} \right| \sigma_{\Delta \psi^i} \right)^2$，设 $\left| \hat{v}^{hi} \right|_{\max}$

为 AUV 航速$\left|\hat{v}^{hi}\right|$的最大值，令$\sigma^2=\max\left[\left(\Delta t\sigma_{\Delta\left|v^{hi}\right|}\right)^2 \quad \left(\Delta t\left|\hat{v}^{hi}\right|_{\max}\sigma_{\Delta\psi^i}\right)^2\right]$，并注意到$\left(\hat{C}_{k-1}^{\psi^i}\right)^{\mathrm{T}}=\left(\hat{C}_{k-1}^{\psi^i}\right)^{-1}$，则有$Q_k^i\leqslant\begin{bmatrix}\sigma^2 & 0\\ 0 & \sigma^2\end{bmatrix}$，故$Q_k^i$存在上界，因此基于单领航者相对距离测量的多 AUV 协同导航系统中的第 i 个 MAUV 的定位误差P_k^i有界。

设第 i 个 MAUV 的定位稳态误差上界为P_i^{u}，令$Q_i^{\mathrm{u}}=\begin{bmatrix}\sigma^2 & 0\\ 0 & \sigma^2\end{bmatrix}$，并将式(6-12)改写为

$$P_i^{\mathrm{u}}=P_i^{\mathrm{u}}\left(I_2+H_i^{\mathrm{T}}\left(R_i^{\mathrm{u}}\right)^{-1}H_iP_i^{\mathrm{u}}\right)^{-1}+Q_i^{\mathrm{u}} \tag{6-13}$$

又定义正规化方差矩阵

$$P_i^{\mathrm{n}}=\left(Q_i^{\mathrm{u}}\right)^{-\frac{1}{2}}P_i^{\mathrm{u}}\left(Q_i^{\mathrm{u}}\right)^{\frac{1}{2}} \tag{6-14}$$

将式(6-13)转化为

$$P_i^{\mathrm{n}}=P_i^{\mathrm{n}}\left(I_2+C_i^{\mathrm{u}}P_i^{\mathrm{u}}\right)^{-1}+I_2 \tag{6-15}$$

其中

$$C_i^{\mathrm{u}}=\left(Q_i^{\mathrm{u}}\right)^{-\frac{1}{2}}H_i^{\mathrm{T}}\left(R_i^{\mathrm{u}}\right)^{-1}H_i\left(Q_i^{\mathrm{u}}\right)^{\frac{1}{2}} \tag{6-16}$$

显然C_i^{u}是(半)正定的，并包含了描述第 i 个 MAUV 定位性能的绝大部分参数，进而能够反映出协同导航系统整体的定位性能。根据(半)正定矩阵的性质，将C_i^{u}正交分解为

$$C_i^{\mathrm{u}}=U_i^{\mathrm{u}}\Lambda_i^{\mathrm{u}}\left(U_i^{\mathrm{u}}\right)^{\mathrm{T}} \tag{6-17}$$

其中，Λ_i^{u}为由C_i^{u}的全体特征值λ_i构成的对角矩阵。将式(6-17)代入式 (6-15)，并化简有

$$P_i^{\mathrm{n}}=P_i^{\mathrm{n}}\left(I_2+\Lambda_i^{\mathrm{u}}P_i^{\mathrm{u}}\right)^{-1}+I_2 \tag{6-18}$$

式(6-18)是系数矩阵为I_2的离散代数 Riccati 方程。易得满足式(6-18)的一个特

解为

$$P_i^{\mathrm{u}}=\left(Q_i^{\mathrm{u}}\right)^{-\frac{1}{2}}U_i^{\mathrm{u}}\varLambda_{\mathrm{iss}}^{\mathrm{u}}\left(U_i^{\mathrm{u}}\right)^{\mathrm{T}}\left(Q_i^{\mathrm{u}}\right)^{\frac{1}{2}} \tag{6-19}$$

其中

$$\varLambda_{\mathrm{iss}}^{\mathrm{u}}=\begin{bmatrix}\dfrac{1}{2}+\sqrt{\dfrac{1}{4}+\dfrac{1}{\lambda_1}} & 0\\ 0 & \dfrac{1}{2}+\sqrt{\dfrac{1}{4}+\dfrac{1}{\lambda_2}}\end{bmatrix} \tag{6-20}$$

根据离散代数 Riccati 方程的可解性理论，当且仅当半正定矩阵 C_i^{u} 非奇异时，方程(6-18)的解存在且唯一，此时式(6-19)为式(6-18)的唯一解；反之当 C_i^{u} 存在零特征值，方程(6-18)的解存在但不唯一，且部分解不能收敛到确定的常值。可见问题的关键在于分析半正定矩阵 C_i^{u} 的奇异性，又由式(6-16)可见 C_i^{u} 的奇异性与观测矩阵 H_i 有关，而这又取决于协同导航系统的能观性。非可观测的协同导航定位系统的误差将随时间的推移而不断增长，并最终使协同导航系统失去稳定[1]，由式(6-9)知若 $\Delta x_k^i \neq \Delta x_{k-1}^i$，$\Delta y_k^i \neq \Delta y_{k-1}^i$，则协同导航系统可观测，此时协同导航定位系统的稳态定位误差方差的上界收敛至如式(6-19)所示的唯一确定的常值式，此时由式(6-19)可见，协同导航系统的稳态定位误差上界主要取决于 C_i^{u} 的特征值，即与协同导航系统中 MAUV 的定位精度和相对距离的量测精度有关，而与滤波方程的初始方差 P_0 无关。由此可见，MAUV 对提高多 AUV 协同导航系统的定位性能起着至关重要的作用。

6.3　鲁棒 UKF 算法

传统的 Kalman 滤波算法均是建立在 H_2 估计准则基础上的，它要求准确的系统模型和确切已知外部干扰信号的统计特性。然而在许多实际应用中，我们通常对外部干扰信号的统计特性缺乏了解，且系统模型本身也存在一定范围的摄动，即外部干扰和滤波系统本身均存在不确定性。针对上述问题，经典 H_∞ 滤波算法将鲁棒控制的思想引入经典线性 Kalman 滤波算法，建立了 H_∞ 空间上的线性系统鲁棒滤波算法，并在如 INS/GPS 组合导航系统、水下组合导航系统中得到了广泛应用[2-5]。文献[6]、[7]则面向线性 H_∞ 滤波算法，直接应用 EKF 算法将鲁棒控制的思想引入非线性系统滤波算法，提出扩展 H_∞ 滤波。然而如前所述，EKF 算法自身的低阶非线性近似特性以及 Jaccobi 矩阵计算误差等固有缺点，使扩展 H_∞ 滤波技术在非线性系统滤波方面仍面临着不少挑战。

基于前述原因，本节基于 UKF 算法，将线性 H_∞ 滤波算法引入非线性系统中，提出一种鲁棒 UKF 算法框架，与经典 UKF 算法相比，鲁棒 UKF 算法将具有更强的鲁棒性，即使输入信号中含有有色噪声，鲁棒 UKF 仍能收敛，而且能够保持较高的精度。

6.3.1　H_∞ 滤波问题的表达

考虑如式(6-21)和式(6-22)所示的线性离散时间系统：

$$X_k = \Phi_{k-1} X_{k-1} + \Gamma_{k-1} W_{k-1} \tag{6-21}$$

$$y_k = H_k X_k + V_k \tag{6-22}$$

其中，X_k 是系统的 n 维状态向量；y_k 是系统的 m 维观测序列；W_k 是 p 维系统过程噪声序列；V_k 是 m 维观测噪声序列；Φ_k 是 $n \times n$ 状态转移矩阵；Γ_k 是 $n \times p$ 干扰输入矩阵；H_k 是 $m \times n$ 观测矩阵。设系统的初始状态为 X_0，$\hat{X}_0$ 为系统初始状态 X_0 的一个估计，则可定义初始估计误差方差阵为

$$P_0 = E\left[\left(X_0 - \hat{X}_0\right)\left(X_0 - \hat{X}_0\right)^{\mathrm{T}}\right] \tag{6-23}$$

在此，我们对系统的过程噪声 W_k、观测噪声 V_k 的自然属性不做任何假设，而将系统初始状态 X_0、过程噪声 W_k、观测噪声 V_k 的自然属性均作为系统的未知干扰输入。

对于 H_∞ 滤波来说，一般情况下，我们希望利用观测值 y_k 来估计如下状态的任意线性组合：

$$Z_k = L_k X_k \tag{6-24}$$

其中，$L_k \in \mathbf{R}^{q \times n}$ 是设计者给定的矩阵。令 $\hat{Z}_k$ 表示在给定观测值 $\{y_k\}$ 条件下对 Z_k 的估计，定义如下滤波误差：

$$e_k = \hat{Z}_k - L_k X_k \tag{6-25}$$

如图 6.4 所示，设 T_k 表示将未知干扰 $\left\{\left(X_0 - \hat{X}_0\right), W_k, V_k\right\}$ 映射至滤波误差 $\{e_k\}$，则 H_∞ 滤波问题可表述如下。

定义 6.1　最优 H_∞ 滤波问题就是寻找最优 H_∞ 估计 $\hat{Z}_k$，使 $\|T_k\|_\infty$ 达到最小，即

$$\gamma^2 = \inf \|T_k\|_\infty^2 = \inf \sup_{X_0, W \in H^2, V \in H^2} \frac{\|e_k\|_2^2}{\|X_0 - \hat{X}_0\|_{P_0^{-1}}^2 + \|W_k\|_2^2 + \|V_k\|_2^2} \tag{6-26}$$

其中，P_0 为正定矩阵。$\|U\|_A^2 = U^{\mathrm{T}} AU$ 为二次型，$\|U\|_2^2$ 为 U 的范数。

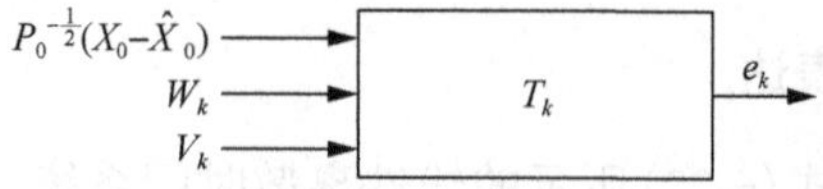

图 6.4　H_∞ 映射

以上定义表明，H_∞ 最优滤波器保证了对所有具有确定能量的可能干扰输入，估计误差能量增益最小。不过，这个结果过于保守，下面给出次优 H_∞ 滤波问题的定义。

定义 6.2 次优 H_∞ 滤波问题是在给定正数 $\gamma > 0$ 条件下，寻找次优 H_∞ 估计 $\hat{Z}_k$，使得 $\|T_k\|_\infty < \gamma$，即满足

$$\inf \sup_{X_0, W \in H^2, V \in H^2} \frac{\|e_k\|_2^2}{\|X_0 - \hat{X}_0\|_{P_0^{-1}}^2 + \|W_k\|_2^2 + \|V_k\|_2^2} < \gamma^2 \tag{6-27}$$

值得注意的是，H_∞ 最优滤波问题的解可以通过以期望的精度迭代 H_∞ 次优滤波问题的 γ 而得到。以上定义中 k 是有限的，当我们考虑将未知干扰 $\left\{\left(X_0 - \hat{X}_0\right), W_k, V_k\right\}$ $\left(k \in [0, \infty)\right)$ 映射至滤波误差 $\{e_k\}$ $\left(k \in [0, \infty)\right)$ 的传递函数时，通过对所有的 k，保证 $\|T_k\|_\infty \leqslant \gamma$，就成为无穷范围的 H_∞ 滤波问题。

6.3.2 次优 H_∞ 滤波问题的解

定理 6.1 对于给定的 $\gamma > 0$，如果 $\begin{bmatrix}\varPhi_k & \varGamma_k\end{bmatrix}$ 是满秩的，则满足条件 $\|T_k\|_\infty \leqslant \gamma$ 的 H_∞ 滤波器存在，当且仅当对所有的 k 有

$$P_k^{-1} + H_k^{\mathrm{T}} H_k - \gamma^{-2} L_k^{\mathrm{T}} L_k > 0 \tag{6-28}$$

其中，P_k 满足如下递推 Riccati 方程：

$$P_{k+1} = \varPhi_k P_k \varPhi_k^{\mathrm{T}} + \varGamma_k \varGamma_k^{\mathrm{T}} - \varPhi_k P_k \begin{bmatrix} H_k^{\mathrm{T}} & L_k^{\mathrm{T}} \end{bmatrix} R_{e,k}^{-1} \begin{bmatrix} H_k \\ L_k \end{bmatrix} P_k \varPhi_k^{\mathrm{T}} \tag{6-29}$$

其中

$$R_{e,k}=\begin{bmatrix} I & 0 \\ 0 & -\gamma^2 I \end{bmatrix}+\begin{bmatrix} H_k \\ L_k \end{bmatrix}P_k\begin{bmatrix} H_k^{\mathrm{T}} & L_k^{\mathrm{T}} \end{bmatrix} \tag{6-30}$$

如果式(6-28)成立，则一个可能的 H_∞滤波器给定如下：

$$\hat{Z}_k=L_k\hat{X}_k \tag{6-31}$$

此时 $\hat{X}_k$ 可递推计算为

$$\hat{X}_k=\Phi_{k-1}\hat{X}_{k-1}+K_k\left(y_k-H_k\Phi_{k-1}\hat{X}_{k-1}\right) \tag{6-32}$$

$$K_k=P_kH_k^{\mathrm{T}}\left(I+H_kP_kH_k^{\mathrm{T}}\right)^{-1} \tag{6-33}$$

定理 6.1 给出了线性 H_∞滤波器存在条件及相应滤波器递推方程，由以上公式可以看出，线性 H_∞滤波器与传统的 Kalman 滤波算法十分相似，主要的不同之处如下所示：

(1) 直观上，H_∞滤波器明确地依赖状态的线性组合 L_kX_k。根据 Raccati 方程式(6-29)，H_∞滤波器的结构依赖我们所要估计状态的线性组合，即 L_k；这与 Kalman 滤波正好相反，Kalman 滤波对任意状态的线性组合的估计是通过状态估计的线性组合给出的。

(2) 对于 H_∞滤波，约束条件(6-28)是滤波器存在的必要条件，在 Kalman 滤波问题中 L_k 不会出现，且 P_k 是正定的，所以约束条件(6-28)自然满足。

(3) 在 H_∞滤波中有不定协方差矩阵 $\begin{bmatrix} I & 0 \\ 0 & -\gamma^2 I \end{bmatrix}$，而在 Kalman 滤波中与之相对应的是单位阵 I。

(4) Kalman 滤波是 H_∞滤波的一个特例，当 $\gamma\to\infty$ 时，Riccati 递推方程(6-29)将简化为 Kalman 滤波递推方程：

$$P_{k+1}=\Phi_kP_k\Phi_k^{\mathrm{T}}+\Gamma_k\Gamma_k^{\mathrm{T}}-\Phi_kP_k\left(I+H_kP_kH_k^{\mathrm{T}}\right)P_k\Phi_k^{\mathrm{T}} \tag{6-34}$$

这也就意味着经典 Kalman 滤波器的 H_∞范数将变得很大，同时鲁棒性较差。

6.3.3 基于 UT 的 H_∞ 波

设非线性离散时间系统为

$$X_k=f\left(X_{k-1}\right)+W_{k-1} \tag{6-35}$$

$$y_k = h\left(X_k\right) + V_k \tag{6-36}$$

其中，X_k 是系统的 n 维状态向量；y_k 是系统的 m 维观测序列；W_k 是 n 维系统过程噪声序列；V_k 是 m 维观测噪声序列；f 和 h 分别是非线性系统矩阵和非线性观测矩阵。设系统的初始状态为 X_0，$\hat{X}_0$ 为系统初始状态 X_0 的一个估计，则可定义初始估计误差方差阵为

$$P_0 = E\left[\left(X_0 - \hat{X}_0\right)\left(X_0 - \hat{X}_0\right)^{\mathrm{T}}\right] \tag{6-37}$$

则针对方程式(6-35)和式(6-36)的基于 UT 的 H_∞ 滤波器——鲁棒 UKF 如下所示：

(1)初始化。设 ST-UKF 初始值为

$$\begin{cases} \hat{X}_0 = E\left(X_0\right) \\ P_0 = E\left[\left(X_0 - \hat{X}_0\right)\left(X_0 - \hat{X}_0\right)^{\mathrm{T}}\right] \end{cases} \tag{6-38}$$

(2) Sigma 点采样。根据 $\hat{X}_{k-1}$ 和 P_{k-1} 采取某种采样策略得到 k 时刻状态 X_k 估计的 Sigma 点集 $\left\{\chi_i\right\}_{k-1}$ $(i = 1, 2, \cdots, L)$。

(3) Sigma 点集 $\left\{\chi_i\right\}$ 经过非线性状态函数 $f(\cdot)$ 传播后，得到 $\chi_{i,k|k-1}$，由 $\chi_{i,k|k-1}$ 计算可得状态向量 X_k 一步预测估计 $\hat{X}_{k|k-1}$ 和一步误差协方差阵预测估计 $P_{k|k-1}$：

$$\chi_{i,k|k-1} = f(\chi_{i,k-1}) \tag{6-39}$$

$$\hat{X}_{k|k-1} = \sum_{i=1}^{L} \omega_i^m \chi_{i,k|k-1} \tag{6-40}$$

$$P_{k|k-1} = \sum_{i=1}^{L} \omega_i^c \left(\chi_{i,k|k-1} - \hat{X}_{k|k-1}\right)\left(\chi_{i,k|k-1} - \hat{X}_{k|k-1}\right)^{\mathrm{T}} \tag{6-41}$$

$$P_{xx} = \sum_{i=1}^{L} \omega_i^c \left(\chi_{i,k|k-1} - \hat{X}_{k|k-1}\right)\left(\chi_{i,k-1} - \hat{X}_{k-1}\right)^{\mathrm{T}} \tag{6-42}$$

其中，ω_i^m $(i = 1, 2, \cdots, L)$ 为求一阶统计特性时的权系数；ω_i^c $(i = 1, 2, \cdots, L)$ 为求二阶统计特性时的权系数。

(4) 计算 Sigma 点集 $\{\chi_i\}_{k-1}$、$\{\chi_i\}_{k|k-1}$ 通过非线性量测方程的传播：

$$\delta_{i,k|k-1}=h\left(\chi_{i,k|k-1}\right) \tag{6-43}$$

$$\delta_{i,k-1}=h\left(\chi_{i,k-1}\right) \tag{6-44}$$

$$\hat{y}_{k|k-1}=\sum_{i=1}^{L}\omega_i^m\delta_{i,k|k-1} \tag{6-45}$$

$$\hat{y}_{k-1}=\sum_{i=1}^{L}\omega_i^m\delta_{i,k-1} \tag{6-46}$$

$$P_{zz}=\sum_{i=1}^{L}\omega_i^c\left(\delta_{i,k-1}-\hat{y}_{k-1}\right)\left(\delta_{i,k-1}-\hat{y}_{k-1}\right)^{\mathrm{T}} \tag{6-47}$$

$$P_{zx}=\sum_{i=1}^{L}\omega_i^c\left(\delta_{i,k-1}-\hat{y}_{k-1}\right)\left(\chi_{i,k-1}-\hat{X}_{k-1}\right)^{\mathrm{T}} \tag{6-48}$$

$$P_{xz}=\sum_{i=1}^{L}\omega_i^c\left(\chi_{i,k|k-1}-\hat{X}_{k|k-1}\right)\left(\delta_{i,k-1}-\hat{y}_{k-1}\right)^{\mathrm{T}} \tag{6-49}$$

$$P_k=P_{k|k-1}+I_n-\begin{bmatrix}P_{xz} & P_{xx}\end{bmatrix}R_{ek}^{-1}\begin{bmatrix}P_{xz}^{\mathrm{T}}\\ P_{xx}^{\mathrm{T}}\end{bmatrix} \tag{6-50}$$

$$R_{ek}=\begin{bmatrix}I+P_{zz} & P_{zx}\\ P_{zx}^{T} & P_{k-1}-\gamma^2 I\end{bmatrix} \tag{6-51}$$

(5) 根据 P_k， $\hat{X}_{k|k-1}$ 采取与步骤 (2) 相同的采样策略，计算 Sigma 点集 $\{\chi_i\}_k$。

(6) 计算 Sigma 点集 $\{\chi_i\}_k$ 通过非线性量测方程的传播

$$\delta_{i,k|}=h\left(\chi_{i,k}\right) \tag{6-52}$$

$$\hat{y}_k=\sum_{i=1}^{L}\omega_i^m\delta_{i,k} \tag{6-53}$$

$$P_{xz}=\sum_{i=1}^{L}\omega_i^c\left(\chi_{i,k}-\hat{X}_{k|k-1}\right)\left(\delta_{i,k}-\hat{y}_k\right)^{\mathrm{T}} \tag{6-54}$$

$$P_{zz}=\sum_{i=1}^{L}\omega_i^c\left(\delta_{i,k}-\hat{y}_k\right)\left(\delta_{i,k}-\hat{y}_k\right)^{\mathrm{T}} \tag{6-55}$$

(7)测量更新

$$\hat{X}_k=\hat{X}_{k|k-1}+K_k\left(y_k-\hat{y}_{k|k-1}\right) \tag{6-56}$$

$$K_k=P_{xz}\left(I+P_{zz}\right)^{-1} \tag{6-57}$$

6.4　协同导航仿真试验

仿真试验模拟一主一从两个 AUV 协同执行扫测任务，主从两个 AUV 平行运动，下潜深度为 30m，潜航轨迹为如图 6.5 所示的梳状扫描路径。测线长度 200m，测线间隔为 30m。主从两个 AUV 平行运动匀速下潜，航速 4kn。SAUV 利用通信声呐实现与 MAUV 的测距与通信，每一时刻 MAUV 将其惯导系统的定位结果发送给 SAUV，SAUV 基于滤波算法实现对自身惯导系统定位误差的实时估计并进行补偿。

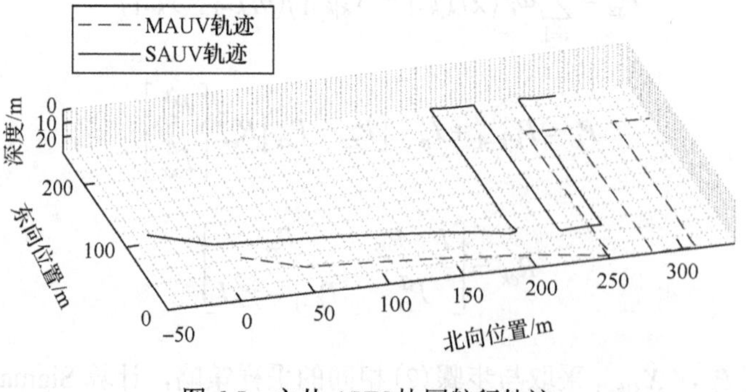

图 6.5　主从 AUV 协同航行轨迹

MAUV 惯导系统元器件性能如表 6.1 所示，SAUV 惯导系统元器件性能如表 6.2 所示。MAUV 惯导系统性能优于 SAUV。

表 6.1　MAUV 惯导系统元器件性能

误差类型	单位	加速度计	陀螺仪
角度随机游走	$(°)/s^{1/2}$	$10^{-5}g$	0.001
零偏稳定性	$(°)/s$	$10^{-5}g$	0.001
角速度随机游走	$(°)/s^{3/2}$	$10^{-5}g$	0.001

表 6.2　SAUV 惯导系统元器件性能

误差类型	单位	加速度计	陀螺仪
角度随机游走	(°)/$s^{1/2}$	$10^{-3}g$	0.01
零偏稳定性	(°)/s	$10^{-3}g$	0.01
角速度随机游走	(°)/$s^{3/2}$	$10^{-3}g$	0.01

SAUV 协同导航系统对自身惯导系统的定位误差估计值如图 6.6 和图 6.7 中虚线所示。可见 SAUV 的协同导航系统能够利用通信声呐提供的测距新息渐近跟踪自身惯导系统的定位误差。

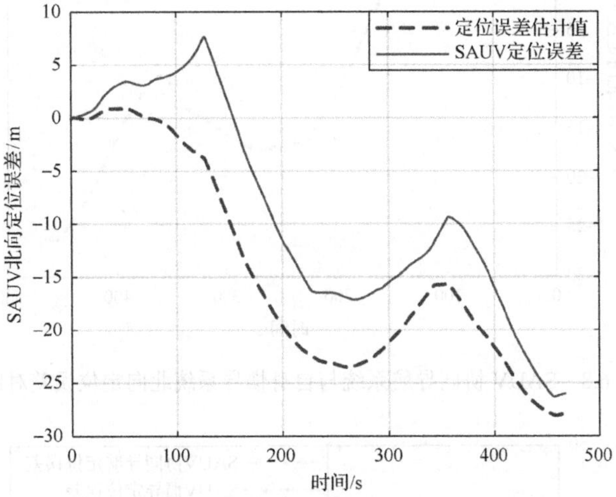

图 6.6　SAUV 北向定位误差估计值

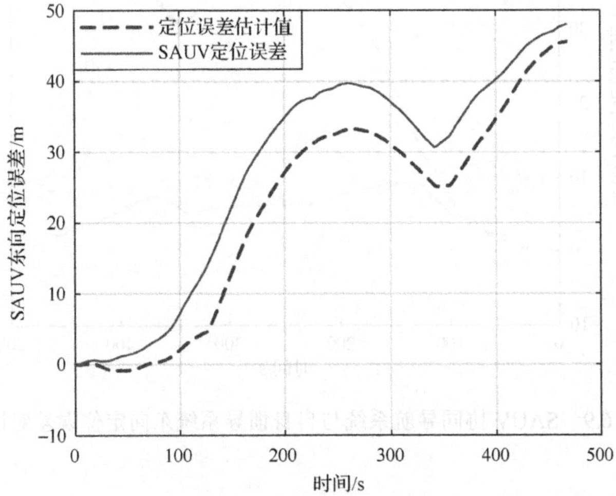

图 6.7　SAUV 东向定位误差估计值

如图 6.8 和图 6.9 所示，在 MAUV 导航系统与声呐测距信息辅助条件下，SAUV 协同导航系统定位误差发散速度明显降低，与自身惯导系统相比定位精度明显提高。如图 6.10 所示，SAUV 的协同导航系统航迹跟踪结果与其理论航迹基本吻合，定位误差如图 6.8 和图 6.9 所示。

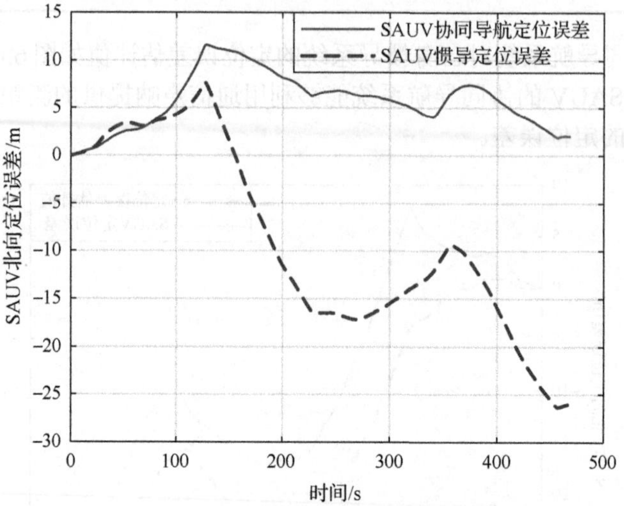

图 6.8　SAUV 协同导航系统与自身惯导系统北向定位误差对比

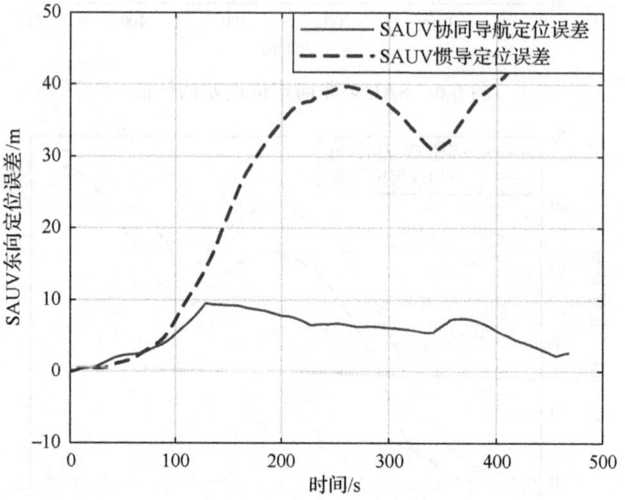

图 6.9　SAUV 协同导航系统与自身惯导系统东向定位误差对比

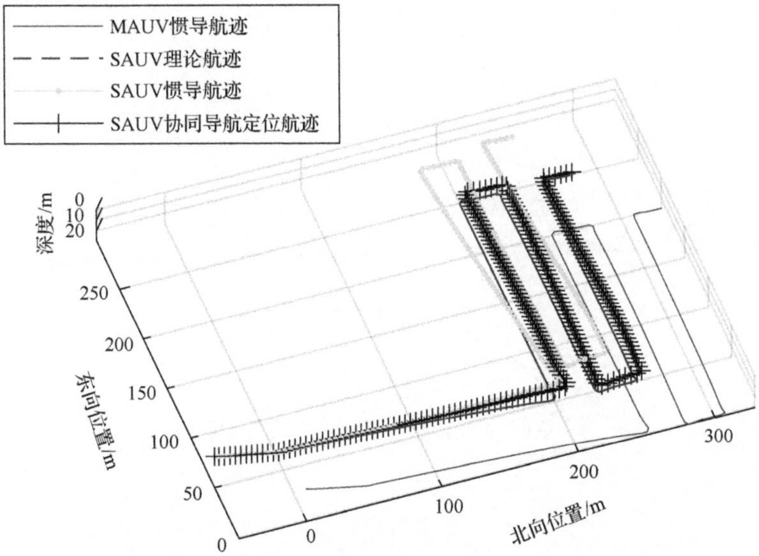

图 6.10　MAUV 导航系统、SAUV 导航系统、SAUV 协同导航系统航迹对比

参 考 文 献

[1] Gadre A. Observability Analysis in Navigation Systems with an Underwater Vehicle Application[D]. Blacksburg: Virginia Polytechnic Institute and State University, 2007.

[2] 段世梅, 康凤举, 王彦恺, 等. AUV 组合导航系统中 H_∞滤波技术[J]. 水下无人系统学报, 2009, 17(1): 14-17.

[3] 王其, 徐晓苏. 自适应联邦 H_∞滤波在水下组合导航系统中的应用[J]. 系统仿真学报, 2009, 21(4): 1003-1006.

[4] 赵伟, 袁信, 林雪原. 采用 H_∞滤波器的 GPS/INS 全组合导航系统研究[J]. 宇航学报, 2002, 23(3): 39-43.

[5] 段志勇, 袁信. H_∞滤波在 GPS/INS 组合导航系统中的应用研究[J]. 南京航空航天大学学报, 2000, 32(2): 189-193.

[6] Einicke G A, White L B. Robust extended Kalman filtering[J]. IEEE Transactions on Signal Processing, 1999, 47(9): 2596-2599.

[7] Li W L, Jia Y M. H-infinity filtering for a class of nonlinear discrete-time systems based on unscented transform[J]. Signal Processing, 2010, 90(12): 3301-3307.